GEHIRN UND SPRACHE

GRUNDRISS

W0044586

VERTIEFUNGEN

ANHANG

1. SPRACHE ALS BIOLOGISCHES PHÄNOMEN

Die Sprache des Menschen ist eine seiner erstaunlichsten Fähigkeiten, die ihn – neben seiner Kultur und der Fähigkeit des logischen Denkens – von den Tieren unterscheidet. Eventuell ist unsere komplexe Form der Sprache sogar der bedeutendste Unterschied zwischen Mensch und Tier. Denken geschieht meistens auf einer sprachlichen Ebene, und viele Wissenschaftler behaupten, dass Denken nicht ohne Sprache möglich sei, da die Sprache quasi das Grundgerüst des Denkens darstellt. Kulturelle Errungenschaften wiederum entwickeln sich über sehr lange Zeiträume. Hierzu ist es notwendig, dass Kulturelemente von Generation zu Generation weitergegeben werden können. Dies geschieht in der Regel auf dem Wege der mündlichen oder schriftlichen Kommunikation – also durch Sprache. Deswegen ist es eine spannende Fragestellung herauszufinden, wie sich die Sprache in der Evolution entwickelt hat.

Sprache ist aber auch ein biologisches Phänomen. Die Fähigkeit zu kommunizieren ist letztendlich eine Fähigkeit des menschlichen Gehirns. Im Vergleich mit anderen Tierarten, deren Kommunikation weniger hoch entwickelt ist, wird klar, dass bestimmte anatomische Merkmale unseres Gehirns für menschliche Sprache erforderlich zu sein scheinen. Genau wie die Sprache, ist auch unser Gehirn das Produkt eines evolutionären Prozesses. Vorrangiges Ziel dieses Buches ist es, dem Leser ein an der aktuellen Forschung orientiertes Verständnis der biologischen Grundlagen von Sprache zu vermitteln. Hierbei stehen einerseits neuronale Mechanismen und ihre zeitliche Organisation im Vordergrund. Ein weiterer bedeutsamer Schwerpunkt ist die evolutionäre Entwicklung des Gehirns und der Sprache.

Aus einer biologischen Sichtweise auf die Sprache können wir jedoch auch nicht darüber hinwegsehen, dass auch Tiere Kommunikationssysteme besitzen, die der menschlichen Sprache in einigen Aspekten ähneln. Die Komplexität der von einer Tierart verwendeten ›Sprache‹ hängt dabei nicht zuletzt vom Entwicklungsniveau des Gehirns dieser Tierart ab.

Heute ist es allgemein anerkannt, dass unser Gehirn der Sitz unserer geistigen Fähigkeiten, also auch unserer Sprachfähigkeiten ist. Das war nicht immer so. Aristoteles (384–322 v.Chr.) beispielsweise glaubte, dass unser warmes, blutdurchflossenes Herz der Sitz geistiger Funktionen sei. Diese auch als Cardiozentrismus (lat. cardio: Herz) bezeichnete Auffassung spiegelt sich noch heute in unserer Sprache wider, etwa wenn wir uns etwas »zu Herzen nehmen« oder »unser Herz an etwas hängt«. Bereits der als Arzt arbeitende Hippokrates (460–377 v.Chr.) konnte aber an Patienten erkennen, dass Hirnverletzungen zu Einbußen geistiger Fähigkeiten führten, die nach anderen Verletzungen nicht auftraten, und siedelte daher die höheren mentalen Fähigkeiten im Gehirn an. Diese bis heute gültige Sichtweise bezeichnet man als Cerebrozentrismus (von lat. cerebrum: Gehirn).

Nachdem das Gehirn als unser Denkorgan erkannt war, stellte sich die Frage, ob alle Teile des Gehirns funktionell gleichbedeutend seien, oder ob bestimmte Regionen für bestimmte Funktionen zuständig sind. Die letztere Vorstellung bezeichnet man als Lokalisationstheorie und war anfangs durchaus umstritten. Pierre Flourens (1794–1867) untersuchte das Verhalten von Tieren, denen er zuvor Teile der Großhirnrinde (Cortex) entfernt hatte. Unabhängig davon, wo er Teile des Cortex entfernt hatte, ergab sich stets das gleiche Bild: Die Tiere bewegten sich anfangs nur wenig und nahmen nur wenig Nahrung zu sich. Nach einiger Zeit erholten sie sich jedoch und ihr Verhalten schien wieder normal zu sein. Flourens schloss daraus, dass es in unserem Cortex keine Lokalisation von Funktionen gäbe und nur die

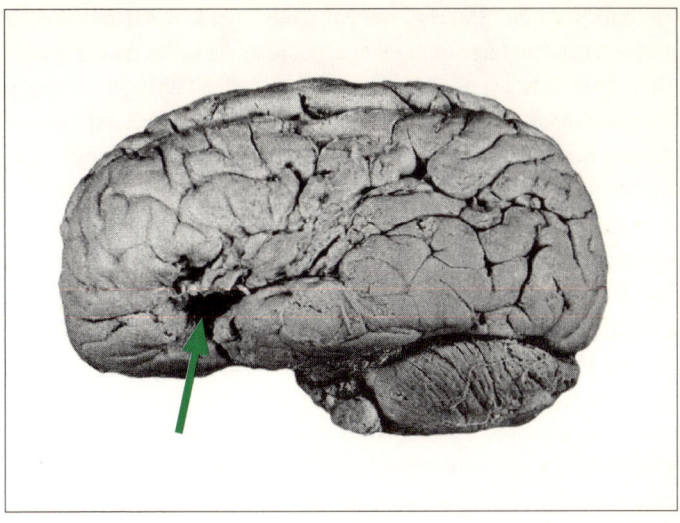

Abb.1: Seitenansicht der linken Hemisphäre des Patienten Leborgne, der 1861 von Paul Broca untersucht wurde. Im Frontallappen erkennt man, direkt vor dem vorderen Pol des Temporallappens, den fehlenden Cortex als schwarze Region (Pfeil). Heute wird dieses Areal als Broca-Areal bezeichnet.

Menge entfernten Gewebes für das Ausmaß einer Störung verantwortlich sei. Gegenteilige Ergebnisse erzielten Gustav Theodor Frisch (1838–1929) und Eduard Hitzig (1838–1907), die den offenen Cortex von Tieren direkt elektrisch stimulierten. Dabei konnten sie an bestimmten Hirnorten Bewegungen des Tieres hervorrufen, an anderen jedoch nicht. Heute weiß man, dass durch elektrische Cortexstimulation nicht nur motorische Bewegungen, sondern sogar auditorische und visuelle Hallizinationen rudimentärer Art hervorgerufen werden können. Diese Ergebnisse ließen darauf schließen, dass verschiedene Funktionen an separaten Orten im Gehirn lokalisiert sind. Jedoch waren die mit elektrischer Stimulation auslösbaren Phänomene stets sehr einfacher Natur und betrafen keine höheren kognitiven Funktionen.

Ausgerechnet die Sprache, die Fähigkeit, die uns von den Tieren unterscheidet, lieferte in der Frage, ob auch die höheren kognitiven Funktionen lokalisiert seien, eine Antwort. Der Chirurg Paul Broca (1824–1880) untersuchte 1861 einen Patienten, der eine starke Sprachstörung besaß. Dieser Patient, Monsieur Leborgne, konnte nur noch die Silbe »Tan« aussprechen, weswegen er auch den Spitznamen Tan erhielt. Die Ursache für Tans Sprachstörung war zu Lebzeiten nicht auszumachen. Nach Tans Tod untersuchte Broca dessen Gehirn und fand, dass ein Teil des Frontallappens der linken Hirnhälfte (Hemisphäre) geschädigt war (Abbildung 1). Bei nachfolgenden Patienten mit ähnlichen Sprachdefiziten fand er wiederholt Läsionen der linken Hemisphäre, die sich meist auf das gleiche Hirnareal, nämlich den hinteren Anteil der untersten Windung des Frontallappens, beschränkten. Heute nennt man die von Broca beschriebene Sprachstörung, bei der Patienten trotz intakten Sprechapparates Probleme mit der Sprachproduktion haben, Broca-Aphasie (**Die Aphasien**). Außerdem entstand aus Brocas Befunden die Vorstellung der **Lateralisierung** – einer asymmetrischen Repräsentation bestimmter Funktionen im Gehirn.

S.101
S.106

Kurze Zeit später berichtete der Neurologe und Psychiater Carl Wernicke (1848–1904) von Patienten mit Sprachstörungen, die in einer anderen Region der linken Hemisphäre Läsionen aufwiesen, nämlich im hinteren Teil des Temporallappens (**Cortikale Sprachregionen**). Das Broca-Areal konnte also nicht das einzige Hirnareal sein, das für Sprachverarbeitung zuständig ist. Wernickes Patienten litten allerdings nicht wie Brocas Patienten unter einer Störung der Sprachproduktion, sondern eher unter einer Störung der Sprachwahrnehmung. Diese rezeptive Störung wird als Wernicke-Aphasie bezeichnet, während die Broca-Aphasie eine expressive Störung darstellt.

S.91

Heutzutage kann man bereits zu Lebzeiten die genaue Lokalisation von Hirnläsionen mit Hilfe bildgebender Verfahren bestimmen und diese zu beobachteten funktionellen Ausfällen bei den Patienten in

Bezug setzen. Außerdem können Forscher an gesunden Versuchspersonen Experimente durchführen, in denen Sprachaufgaben gelöst werden müssen, während gleichzeitig Hirnströme gemessen oder der Blutfluss im Gehirn registriert wird. Die Ergebnisse dieser Forschungsansätze haben zu detaillierteren Modellvorstellungen davon geführt, wie der Mensch Sprache wahrnimmt und produziert. Nichtsdestotrotz haben die frühen Befunde von Broca und Wernicke bis heute Bestand und finden sich auch weiterhin in modernen Modellen der Sprachverarbeitung wieder.

2. MODELLVORSTELLUNGEN ZUR SPRACHE

Abbildung 2 zeigt ein frühes Modell der Sprache, welches auf die Arbeiten von Wernicke zurückgeht. Hier ist die Broca-Region als motorisches Sprachzentrum (M) verstanden, welches wichtig für die Sprachproduktion, nicht jedoch für das Sprachverständnis ist. Das Wernicke-Areal wird hier als sensorisches Sprachzentrum (A) angesehen. Verbindungen zwischen sensorischem und motorischem Sprachzentrum existieren einerseits durch einen direkten Assoziationspfad (3), andererseits aber auch indirekt über das Begriffszentrum (B).

Ein etwas komplexeres Modell wurde in den 60er und 70er Jahren des 20. Jahrhunderts von Norman Geschwind, einem bedeutenden Bostoner Neurologen, vorgestellt. Dieses so genannte neurologische Modell der Sprache, oder auch Wernicke-Geschwind-Modell, basiert auf einer deutlich größeren Anzahl von anatomischen Läsionsstudien an aphasischen Patienten, als dies zu den Zeiten Brocas und Wernickes möglich war. Insbesondere ist es seit den 60er und 70er Jahren auch möglich, durch Methoden der anatomischen Bildgebung, wie beispielsweise der Computertomographie (CT), die Lokali-

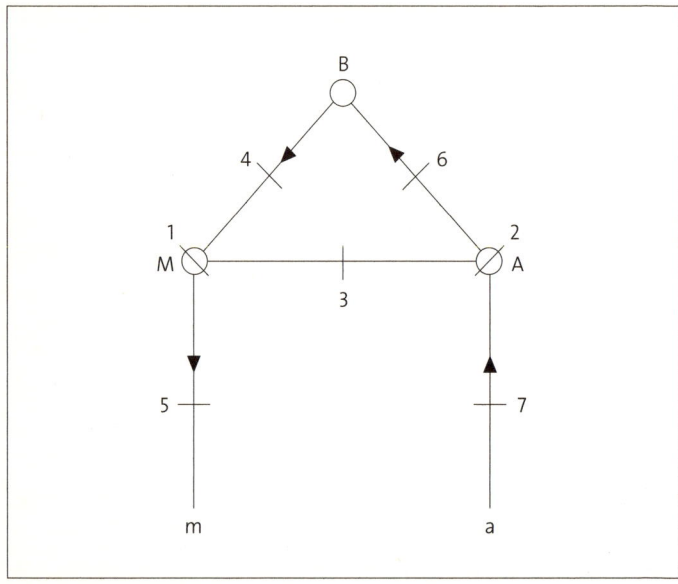

Abb. 2: Schematische Darstellung des Informationsflusses bei der Sprachverarbeitung. Auditorische Signale (a) erreichen das sensorische Sprachzentrum (A) und werden bis zum motorischen Zentrum (M) geleitet, wo Nervenimpulse die Artikulationsmuskeln steuern (m).

sation von Hirnschädigungen zu Lebzeiten der Patienten zu bestimmen und auf diese Weise genauere, modellgeleitete Untersuchungen der Funktionen bestimmter Hirnregionen anzustellen. Das Wernicke-Geschwind-Modell der Sprachrepräsentation im Gehirn ist beispielhaft in Abbildung 3 dargestellt.

Dargestellt ist in dieser Abbildung der »Weg« eines gelesenen Wortes vom visuellen Cortex (**Primäre senso-motorische Areale**) bis zur Initiierung der **Artikulation** des Wortes durch den Motorcortex. Hierbei werden Signale vom visuellen Cortex an den so genannten Gyrus angularis gesandt, ein Areal im unteren Anteil des linken Parietallappens (**Cortikale Sprachregionen**). Diesem Hirnareal wird im

S. 84
S. 98

S. 91

8

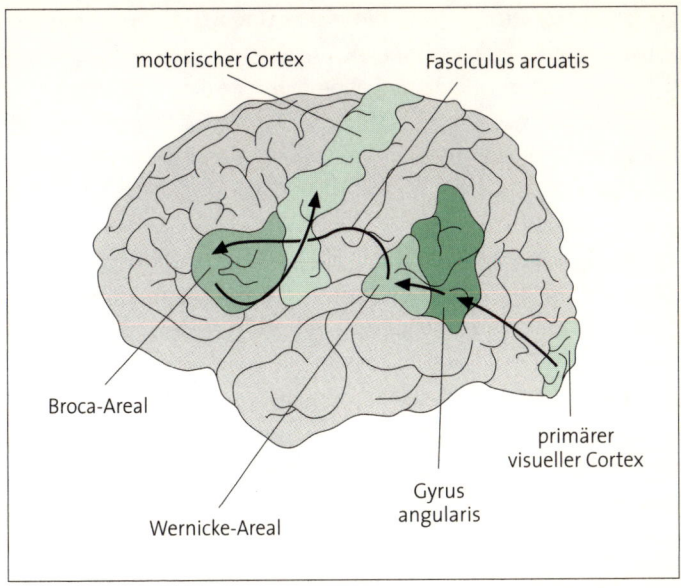

Abb. 3: Wernicke-Geschwind-Modell der Sprache, auch als neurologisches Modell der Sprache bekannt.

Wernicke-Geschwind-Modell die Funktion zugeschrieben, gespeicherte Informationen über die visuelle Form von Buchstaben und Wörtern vorrätig zu halten und zur Konvertierung des visuell-orthographischen Eingangssignals in eine auditorische Form beizutragen.

In dem (dem Gyrus angularis vorgelagerten) Wernicke-Areal wiederum sind entsprechend dem Wernicke-Geschwind-Modell auditorisch-phonologische Wortbilder gespeichert und werden dort erkannt. Im Falle des Lesens wird das von der visuell-orthographischen in die auditorische Form konvertierte Signal an das Wernicke-Areal weitergeleitet, wo die Bedeutung des Wortes aktiviert werden kann. Beim Hören von Wörtern kann sich das Gehirn den Umweg über das ›Konvertierungsareal‹ des Gyrus angularis sparen; akustisch wahrgenommene Wörter können direkt ihre Einträge im Wernicke-Areal aktivieren. Interessanterweise wird in diesem Modell kein separates Bedeutungszentrum mehr angenommen, wie dies in früheren Modellen der Fall war. Die Bedeutung der Wörter ist hier sehr eng an ihre akustische Repräsentation gekoppelt und wird dem Wernicke-Areal zugeschrieben.

Schon Wernicke hat angenommen, dass es im Gehirn Nervenstränge geben muss, welche das sensorische Sprachzentrum (Wernicke-Areal) mit dem im Frontalhirn lokalisierten motorischen Sprachareal (Broca-Areal) verbinden. Später wurde eine Nervenbahn namens Fasciculus arcuatus entdeckt, welche (unter anderem) genau diese Funktion hat. Über den Fasciculus arcuatus, der in Abbildung 3 schematisch dargestellt ist, gelangt das Sprachsignal ins Broca-Areal, wo motorische Schemata zur Koordination der Artikulatoren gespeichert sind. Diese Schemata steuern die primär-motorischen Nerven, welche die Gesichtsmuskulatur kontrollieren.

Das Wernicke-Geschwind-Modell hatte und hat auch heute noch einen starken Einfluss auf das Verständnis der Organisation von Sprache im Gehirn sowie auf die klinische Arbeit mit aphasischen Patienten. Dies liegt nicht zuletzt daran, dass dieses Modell ein eingängiges Erklärungsschema für die Entstehung von unterschiedlichen Ausprägungen der **Aphasien** bietet. Die klassischen Syndrome der Broca- und Wernicke-Aphasie, die durch Sprachproduktions- bzw. Sprachverständnisstörungen gekennzeichnet sind, lassen sich auf Störungen der entsprechenden Sprachregionen zurückführen. Eine Beschädigung der prominenten Faserverbindung, des Fasciculus arcuatus, kann hingegen als Erklärung für Probleme beim Wiederholen von Wörtern bei prinzipiell intakter Sprachproduktion und Sprachperzeption gelten. Dieses Diskonnexionssyndrom ist charakteristisch für das Störungsbild der Leitungsaphasie. Eine Läsion des Gyrus angularis wiederum kann zu einer selektiven Beeinträchtigung des Lesens, einer Alexie, führen.

S.101

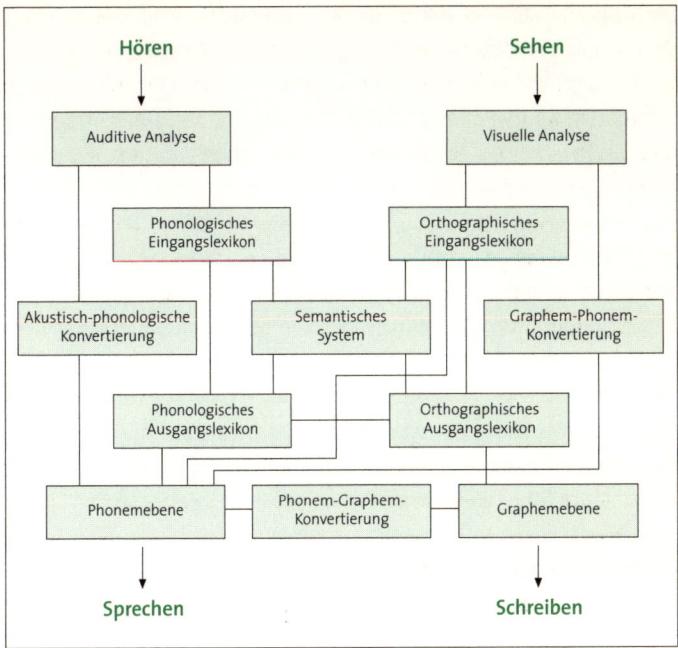

Abb. 4: Ein kognitives Modell zur Sprachverarbeitung.

Trotz der breiten Akzeptanz des Wernicke-Geschwind-Modells ist dieses heutzutage mit einer Reihe von Problemen konfrontiert. Aktuelle kognitive Modelle der Sprachverarbeitung nehmen eine wesentlich kompliziertere ›mentale Architektur‹ an, als dies im neurologischen Modell der Fall ist. Abbildung 4 zeigt exemplarisch ein derartiges Modell, basierend auf neurolinguistischen und neuropsychologischen Untersuchungen an aphasischen Patienten.

Darüber hinaus kann das Wernicke-Geschwind-Modell dem Test durch moderne funktionell-bildgebende Methoden wie etwa die Positronen-Emissions-Tomographie (PET) oder die funktionelle Magnetresonanz-Tomographie (fMRT; siehe nächstes Kapitel) häufig nicht mehr standhalten. So assoziieren heute einige Forscher die Funktion der visuellen Wortformerkennung, welche im Wernicke-Geschwind-Modell dem Gyrus angularis zugeschrieben wurde, eher mit Regionen des Temporallappens. Die Worterkennung wird hier mit einer basalen Region, d.h. einer Region auf der Unterseite des Temporallappens, dem Gyrus fusiformis der linken Hirnhälfte zugeschrieben. Interessanterweise wird das entsprechende Areal der rechten Hirnhemisphäre mit der Erkennung von Gesichtern in Zusammenhang gebracht.

Des Weiteren ist es natürlich problematisch, dass das Wernicke-Geschwind-Modell Sprache als einen relativ mechanistischen Reflexbogen ansieht, in dem es primär um die Artikulation wahrgenommener Wörter geht. In Wirklichkeit muss unser Gehirn allein bei der Wahrnehmung von Sprache viel mehr leisten. Es muss einzelne Sprachlaute (**Phonetik**) aus dem kontinuierlichen akustischen Signal extrahieren, diese zu Wörtern zusammensetzen und so die Worterkennung ermöglichen. In unserem gespeicherten Wissen über Wörter, dem so genannten mentalen Lexikon, sind eine Reihe von Informationen gespeichert, die dann berücksichtigt werden müssen, um zu bestimmen, welche grammatische Funktion ein Wort im Kontext eines Satzes einnimmt. So muß Information über die Kategorie eines Wortes (Substantiv, Verb, Präposition etc.) berücksichtigt werden, und es muss bestimmt werden, ob ein Wort im Infinitiv oder in einer flektierten Form vorliegt. Dann muss die Bedeutung des Wortes aktiviert werden, und diese semantische Information muss mit den grammatikalischen Aspekten des Wortes abgeglichen werden und in der Folge in den Satzkontext eingebettet werden. All dies muss enorm schnell passieren, so dass wir in unserem kommunikativen Alltag die komplexe Abfolge dieser Prozesse nicht bemerken. Modelle der Sprachrepräsentation im Gehirn müssen sich der Aufgabe stellen, die hirnanatomischen Grundlagen für diese Vielzahl von hoch-automatisierten Sub-Prozessen zu spezifizieren.

S. 80

Die soeben beschriebenen Prozesse stellen natürlich noch nicht die Gesamtheit aller Aufgaben dar, die unser Gehirn im Zusammenhang mit Sprache löst. So müssen einzelne Sätze zu größeren kommunikativen Einheiten zusammengebunden werden, um ein korrektes Textverständnis zu ermöglichen. Genauso können Feinheiten wie Ironie oder die Emotionslage unseres Gegenübers in einer kommunikativen Situation berücksichtigt werden, und wir können verschiedene Arten von Informationen zu einem konsistenten Gesamtbild integrieren. Zu diesem Gesamtbild gehört nicht nur das akustische Sprachsignal, sondern auch visuelle Information, wie etwa Gestik oder Lippenbewegungen (**Interaktion von Hören und Sehen**). Bemerkenswert ist nicht zuletzt auch die Fähigkeit des menschlichen Gehirns, Fehler und Qualitätsmängel im Sprachsignal auszugleichen und somit zu ›überhören‹, mit dem Ziel, sprachliche Kommunikation auch unter nicht-optimalen Bedingungen zu ermöglichen.

S. 115

Das klassische Wernicke-Geschwind-Modell zur Neurologie der Sprache ist heutzutage auch aus einem weiteren Grund nicht mehr uneingeschränkt gültig. Aktuellere empirische Arbeiten legen nahe, dass auch die Funktionen, die den beiden prominenten Sprachregionen klassischerweise zugeschrieben wurden, neu überdacht werden müssen. So zeigten neurolinguistische Studien an Patienten mit Broca-Aphasien, die in den 70er Jahren erstmals von Alfonso Caramazza und Edgar Zurif durchgeführt wurden, dass diese Patienten nicht nur Probleme bei der Sprachproduktion, sondern auch Schwierigkeiten mit der Verarbeitung grammatischer Informationen in Sätzen haben. In den Untersuchungen von Caramazza und Zurif hörten die aphasischen Patienten Sätze wie »Der Elefant tritt den Hund« oder »Den Elefanten tritt der Hund« und mussten diese Sätze zu entsprechenden Bildern zuordnen. Bei diesen Sätzen signalisieren sehr subtile grammatische Merkmale, wer genau was mit wem macht, also welches Substantiv das Subjekt und welches das Objekt des Satzes darstellt. Den Patienten wurden zwei Bilder mit beiden möglichen Darstellungen vorgegeben. Das interessante Ergebnis dieser Studien war, dass die Patienten in beiden Satztypen das erste Substantiv als den Handelnden (also als Subjekt) interpretierten. Sie haben die Sätze also ausschließlich auf Grund der Reihenfolge interpretiert und die in den Sätzen enthaltenen grammatischen Informationen ignoriert. Derartige syntaktische Informationen sind aber besonders wichtig für die menschliche Sprache, da sie signalisieren, wie genau die Aneinanderreihungen von Wörtern zu Sätzen zu verstehen sind. Es wird daher heutzutage häufig angenommen, dass die Broca-Region eine zentrale Repräsentation des grammatischen Regelwissens umfasst, welches sowohl bei der Sprachproduktion als auch bei der Sprachperzeption benötigt wird. Die komplexe Kontrolle des Sprechapparates wird heutzutage oft mit tiefer gelegenen Cortexregionen der vorderen Insel in Zusammenhang gebracht (**Artikulation**).

S. 98

Einer der ersten experimentellen Ansätze zur Untersuchung von neurologischen Sprachmodellen war die intraoperative Elektrostimulation. Diese Methode wurde in den 50er Jahren des 20. Jahrhunderts von Penfield angewandt, einem Neurochirurgen an der McGill-Universität im kanadischen Montreal. Während einer neurochirurgischen Operation wird das offene Gehirn des wachen Patienten direkt mit sehr schwachen Stromimpulsen über Mikroelektroden stimuliert. Je nach Funktionalität der stimulierten Hirnregion kann dies zu einer Anregung oder Hemmung der repräsentierten Funktionen führen. In primären sensorischen Regionen werden auf diese Weise ›künstliche‹ Empfindungen ausgelöst, die nicht durch tatsächliche Berührungen der Haut verursacht werden. Stimulation im Motorcortex führt hingegen zu Bewegungen, die nicht willkürlich initiiert wurden. Auf diese Weise ließ sich beispielsweise die Repräsentation der Körperoberfläche in **primären senso-motorischen Arealen** kartieren.

S. 84

Zur Untersuchung der Lokalisation von Sprachfunktionen im Gehirn, einer typischen Anwendung der intraoperativen Stimulation zur Planung neurochirurgischer Eingriffe, müssen die Patienten Sprachaufgaben (z. B. Bilderbenennung) ausführen, während Sprachregionen des Gehirns stimuliert werden. Typischerweise führt hierbei die Elektrostimulation von sprachrelevanten Hirnarealen zur Unterbrechung der normalen Sprachprozesse. Interessanterweise ergeben derartige Studien eine sehr hohe Variabilität zwischen Individuen in der Organisation von Sprache im Gehirn. Dieser Befund stellt die strikte Lokalisation von Sprachfunktionen, wie sie beispielsweise im Wernicke-Geschwind-Modell vertreten wird, in Frage.

Im folgenden Kapitel wird ein Einblick in die modernen Methoden der Hirnforschung gegeben, die eine Untersuchung mentaler Funktionen wie etwa Sprache bei gesunden Menschen auch ohne chirurgische Eingriffe erlauben. Beispielhaft werden ausgewählte Ergebnisse aus diesem Forschungsbereich vorgestellt. Im Anschluss daran wird die Frage der Organisation der Sprache im Gehirn nochmals aufgegriffen und ein aktuelleres Modell eingeführt.

3. NEURONALE KORRELATE DER SPRACHE

Die ersten Befunde, die Hinweise darauf gaben, wo im Gehirn Zentren für die Verarbeitung von Sprache zu finden sein könnten, beruhten auf den Läsionsdaten von Patienten mit Sprachdefiziten. Die Untersuchung solcher Patienten birgt stets mehrere Nachteile. Einerseits wurden die Untersuchungen der Läsionen post-mortem, also nach dem Versterben der Patienten, durchgeführt. Man weiß aber, dass unser Gehirn zu erstaunlichen Reorganisationsleistungen in der Lage ist. Wenn eine Hirnschädigung sehr langsam auftritt, wie beispielsweise im Fall eines Hirntumors, kann eine Funktion durchaus von einer anderen, gesunden Hirnregion übernommen werden. Derartige Reorganisationsprozesse könnten die Läsionsstudien verfälschen. Außerdem können zusätzlich zu den Sprachstörungen auch andere Störungen auftreten, die zwar durch die Läsion bedingt wurden, es aber erschweren abzugrenzen, welche Hirnareale für welche der Störungen verantwortlich sind. Andererseits sind die Forscher stets mit genau einer auftretenden Sprachstörung konfrontiert, zu der sie die Läsion untersuchen können. Es gibt also keine Möglichkeit, systematische Variationen zu untersuchen, wie es in einem Experiment der Fall wäre.

Deswegen ist eine weitere wichtige Forschungsrichtung zum Auffinden der Sprachzentren des menschlichen Gehirns der experimentelle neurowissenschaftliche Zugang, im Rahmen dessen Hirnaktivität bei gesunden Probanden gemessen wird. Ziel ist es, Veränderungen der Hirnaktivität durch gezielte Variationen experimenteller Bedingungen hervorzurufen und diese dadurch mit bestimmten Aspekten der Sprache in Verbindung zu bringen.

3.1 Wie aktiv ist unser Gehirn? Funktionelle Bildgebung

Methoden der funktionellen Bildgebung erlauben es, nicht nur die anatomische Struktur des Gehirns zu visualisieren, sondern auch seine Funktionsweise. Sie stellen eine Weiterentwicklung der strukturellen Bildgebung wie etwa der Computertomographie oder der Magnetresonanz-Tomographie dar. Innerhalb der Neurologie werden Techniken der strukturellen Bildgebungen verwendet, um den genauen Ort einer Hirnschädigung (Läsion) eines Patienten und die Art der Schädigung zu bestimmen.

Für die Erforschung der neuroanatomischen Grundlagen der Sprache stellte die Etablierung der anatomischen Bildgebung Ende der 60er und Anfang der 70er Jahre eine Revolution dar. Erstmals konnten Funktionsausfälle wie Aphasien zu Lebzeiten der Patienten mit spezifischen Hirnregionen in Zusammenhang gebracht werden. Diese Entwicklung hat zur Verfeinerung von Modellvorstellungen zur funktionellen Hirnanatomie entscheidend beigetragen – und nicht zuletzt auch zur Etablierung des Wernicke-Geschwind-Modells der Sprache geführt.

Noch bedeutsamer war allerdings in der Folge die Entwicklung von Techniken zur funktionellen Bildgebung. Diese Methoden erlauben es, die Aktivität des Gehirns zu messen, während gesunde Probanden bestimmte Aufgaben durchführen. Ende der 8oer Jahre wurden erste Aktivierungsstudien zur Untersuchung kognitiver Funktionen durchgeführt. Wegbereitend waren hier Studien zur Repräsentation von Sprache im Gehirn, die von den Psychologen Steven Petersen und Michael Posner publiziert wurden. In diesen Studien wurde die Technik der Positronen-Emissions-Tomographie verwendet, welche auf der Messung minimaler radioaktiver Strahlungen basiert. Vor dem Experiment wird den Probanden eine schwach radioaktive Substanz ins Blut injiziert. Hierbei kann es sich beispielsweise um Sauerstoff oder Glukose handeln. Die Dosierung dieser so genannten Tracer-Substanzen ist so gering, dass gesundheitliche Schädigungen ausgeschlossen sind. In den nächsten Minuten verteilt sich die Substanz im Körper. Jede radioaktive Substanz zerfällt innerhalb einer bestimmten Halbwertzeit. Bei diesem Zerfallsprozess des radioaktiven Kontrastmittels wird ein Positron freigesetzt, welches im Gewebe abgebremst wird und dort mit einem Elektron kollidiert. Die dabei entstehende Gammastrahlung wird von sich paarweise gegenüberliegenden Detektoren gemessen. In Abbildung 5 ist dieser Prozess schematisch dargestellt.

Allein die Tatsache, dass es möglich ist, derartige radioaktive Zerfallsereignisse im Gehirn zu messen, erklärt natürlich noch nicht, wie es diese Methoden ermöglichen, bestimmte Regionen des Gehirns mit bestimmten mentalen Funktionen wie Sprache in Zusammenhang zu bringen. Hierzu ist es auch notwendig, bestimmte biologische Mechanismen des Gehirns zu berücksichtigen. Wenn nun bei-

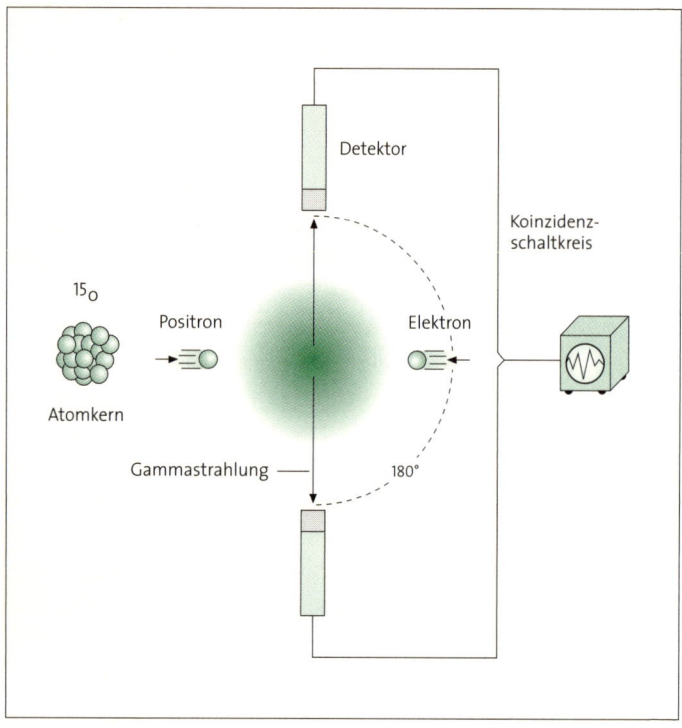

Abb.5: Schematische Darstellung der Positronen-Emissions-Tomographie.

spielsweise der Hörcortex Signale verarbeitet, bedeutet dies aus physiologischer Sichtweise, dass eine Vielzahl von Nervenzellen in dieser Region anfangen zu arbeiten. Der dadurch ansteigende Stoffwechsel dieser Zellen führt zu einem erhöhten Energie- und Sauerstoffverbrauch, was wiederum einen verstärkten Blutzufluss in die ›aktivierte‹ Region mit sich bringt. Es sind diese regionalen Veränderungen des Blutflusses, die die PET (und auch die weiter unten behandelte fMRT) sichtbar machen kann. Dies geschieht dadurch, dass eine erhöhte Blutkonzentration in einer aktiven Hirnregion natürlich auch eine erhöhte Konzentration des radioaktiven Kontrastmittels in dieser Region mit sich bringt, und somit auch überdurchschnittlich viele Zerfallsereignisse in dieser Region festgestellt werden können.

Die Funktion einer Hirnregion wird bei der Arbeit mit Methoden wie der PET zumeist dadurch bestimmt, dass die Aktivierungsbilder, die während zweier unterschiedlicher mentaler Zustände gemessen wurden, miteinander verglichen werden. So verglichen beispielsweise Petersen, Posner und Kollegen in ihren Studien zur Wortverarbeitung das passive Wahrnehmen von Wörtern mit einer anderen experimentellen Bedingung, in der die Versuchsteilnehmer zu dem jeweils wahrgenommenen Substantiv ein Verb generieren müssen (z. B. Auto → fahren). Während das Lesen die visuellen Regionen des Okzipitallappens aktivierte und das Hören von Wörtern den Hörcortex, zeigte sich für die Suche von passenden Verben zusätzliche Hirnaktivität im Temporallappen und im Frontallappen. Diese Studien waren äußerst bedeutsam, da sich die Möglichkeit eröffnete, ohne chirurgische Eingriffe mentale Prozesse im gesunden Gehirn zu untersuchen.

Ein potenzielles Problem der PET ist natürlich, dass die Probanden einer (wenn auch schwachen) radioaktive Strahlung ausgesetzt werden müssen. Diese Problematik umgeht eine andere Technik, welche kurze Zeit später eingeführt wurde – die funktionelle Magnetresonanz-Tomographie (fMRT). Während bei der PET radioaktive Kontrastmittel notwendig sind, um ein messbares Signal zu erzeugen, beruht das Signal bei der fMRT auf einem natürlichen Kontrastmittel, nämlich auf einer Änderung der magnetischen Eigenschaften des Blutes abhängig von dessen Sauerstoffgehalt.

Wie bereits dargestellt, führt die Aktivität von Nervenzellen zu einem regional erhöhten Sauerstoffverbrauch. Der Sauerstoff wird von den roten Blutkörperchen, dem so genannten Hämoglobin, transportiert. Sauerstoffreiches Blut ist stärker paramagnetisch als sauerstoffarmes Blut. Veränderungen der Blutmagnetisierung – etwa in Hirnregionen mit erhöhter neuronaler Aktivität – können mit der Methode der fMRT gemessen und der entsprechenden Hirnregion zugeordnet werden.

Die Verwendung bildgebender Methoden wie PET und fMRT zur Untersuchung der Sprache konnten einige wichtige Annahmen zur zerebralen Organisation der Sprache, welche auf klinischen Studien basierten, bestätigen. So konnte erwartungsgemäß gezeigt werden, dass das Hören und Lesen von Sprache primär-auditorische und primär-visuelle Regionen des Großhirns aktiviert. Andere etablierte Annahmen wurden wiederum nicht eindeutig gestützt. So zeigten einige bildgebende Studien, dass die Broca-Region für die Artikulation von Sprache weniger bedeutsam ist als ursprünglich angenommen. Natürlich sah man in entsprechenden Studien Hirnaktivität in benachbarten motorischen und prämotorischen Regionen. Für die Planung der **Artikulation** scheint jedoch eher ein tiefer gelegener Cortex in der vorderen Insel, und nicht das Broca-Areal, kritisch zu sein. Aktuellere Annahmen zur Rolle der Broca-Region bei der Verarbeitung von grammatischen Informationen scheinen demgegenüber auch dem Test durch funktionelle Bildgebungsstudien standzuhalten. Aktivierungsstudien zeigen beispielsweise für grammatikalisch komplexe Sätze mehr Aktivierung in der Nachbarschaft des Broca-Areals als bei einfachen Sätzen (Abbildung 6). Genauso zeigte eine Reihe von Studien Hirnaktivität in der Region des Wernicke-Areals, wenn die Probanden semantische Aspekte der Sprachverarbeitung beachten müssen.

Die beiden angeführten Beispiele, grammatische und semantische Verarbeitung, stellen bereits relativ komplexe Aspekte der Sprachverarbeitung dar. Sie sind nicht zuletzt deshalb von Interesse, weil es klare Vorhersagen aus Läsionsstudien gibt, wo die bezeichneten Prozesse im Gehirn lokalisiert sein sollten. Es sind jedoch auch eine Reihe anderer Ansätze verfolgt worden, um die neuronalen Grundla-

S.98

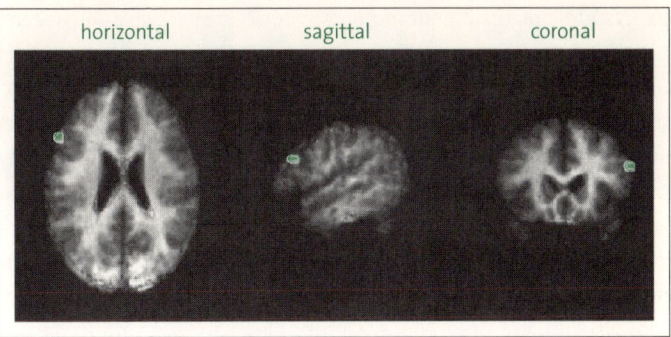

horizontal   sagittal   coronal

Abb. 6: Erhöhte Aktivierung für grammatisch komplexe Sätze im Vergleich zu grammatisch einfacheren Sätzen, in der Region des Broca-Areals.

gen der Sprachverarbeitung mittels der funktionellen Bildgebung zu untersuchen. So gibt es eine Reihe von Forschern, die sich für die akustische Verarbeitung von Sprache interessieren. In diesem Zusammenhang geht es um die Fragestellung, wie das akustische Signal vom auditorischen Cortex ausgehend weiterverarbeitet wird. Eine Hypothese lautet, dass das linguistische Signal in hierarchisch geordneten Regionen des Temporallappens auf unterschiedlichen Ebenen verarbeitet wird. Entsprechend dieses Modells werden in primären und sekundären auditorischen Arealen einfache akustische Merkmale der Schallsignale, wie etwa Veränderungen der Tonhöhe, verarbeitet. Weiter zur Unterkante des Temporallappens (inferior) gelegene Regionen sind hingegen für die Analyse komplexerer Charakteristika des Stimulus zuständig. Auf der höchsten Hierarchieebene wäre dies die Erkennung des Wortes. In diesem Modell ist allerdings nicht spezifiziert, in welchen Hirnregionen die Kombination von Wörtern zu Sätzen und Texten stattfindet.

Auch ein alternatives Modell der akustischen Sprachverarbeitung beschäftigt sich mit der Organisation des Temporallappens. Hier wird allerdings nicht ein von superior nach inferior verlaufendes Organisationsprinzip angenommen, sondern eine Verzweigung in zwei getrennte Verarbeitungspfade. Ausgehend vom auditorischen Cortex verläuft ein Pfad nach vorne (anterior) und ein weiterer nach hinten (posterior). Der anteriore Pfad soll dabei für die Verarbeitung von auditorischen Objekten zuständig sein (Was-Pfad), während der posteriore Pfad verarbeitet, woher ein Schallereignis aus dem Umfeld kommt (Wo-Pfad).

Aktuelle Studien zum Wortlesen zeigen, dass in der visuellen Modalität andere cortikale Regionen für die Worterkennung bedeutsam sind als für das Hören. Diese sind vor allem auf der Unterseite des Temporallappens zu finden. Areale in dieser Hirnregion zeigen starke Aktivierung beim Lesen geschriebener Wörter. Insbesondere zeigt sich in diesen Regionen des Gehirns auch eine Spezialisierung für Wörter. Während frühere visuelle Cortices des Okzipitallappens (**Primäre senso-motorische Areale**) gleich stark auf Wörter und andere Symbole reagieren, zeigt sich im basalen Temporallappen eine stärkere Aktivierung für Wörter als für Nichtwort-Stimuli (z. B. Konsonanten-Abfolgen oder aussprechbare Pseudowörter, die keine Bedeutung haben).

S. 84

Trotz dieser Ergebnisse gibt es bis heute keine Einigung bezüglich der genauen Rolle dieser Wort-spezifischen Hirnregionen während der Worterkennung. Ihre Funktion könnte einerseits die einer Speicherung sein. So nehmen manche Forscher an, dass im basalen Temporallappen Wörter in einer abstrakten orthographischen Form repräsentiert sind. Wort-Erkennung wäre dann ein erfolgreicher Abgleich zwischen dem wahrgenommenen Reiz und einem Eintrag im orthographischen Eingangslexikon (s. Abbildung 4). Andere wiederum nehmen an, dass die beobachtete Aktivierung für Wörter die orthographisch-visuelle Analyse des wahrgenommenen Reizes widerspiegelt. Als Analogie kann hier vermutlich ein Befund aus einem anderen Forschungsbereich dienen. Während sich Wort-spezifische Aktivierung primär in der linken Hemisphäre zeigt, zeigen andere Studien, dass die Verarbeitung von Gesichtern vergleichbare Regionen der rechten Hemisphäre aktiviert. Auch hier handelt es sich um einen komplexen Reiz, der analysiert werden muss, und es wurde in dieser Region – analog zu Wörtern und unbekannten Nichtwörtern in der linken Hemisphäre – stärkere Aktivierung für bekannte als für unbekannte Gesichter berichtet.

Ein weiterer interessanter Befund soll hier nicht unerwähnt bleiben. Oft verwenden experimentelle Psychologen bestimmte Aufgaben, um bestimmte Aspekte der Sprachverarbeitung zu untersuchen. So müssen Versuchsteilnehmer etwa beurteilen, ob sich zwei Wörter reimen, um phonologische Prozesse zu beobachten. Oder Probanden müssen die Konkretheit eines Wortes beurteilen, was eine semantische Eigenschaft des Wortes darstellt. Derartige Aufgaben wurden auch in bildgebenden Studien verwendet. Abbildung 7 zeigt einen Überblick über die Hirnaktivierungen, die von solchen Aufgaben hervorgerufen werden. Wie man erkennt, fokussieren diese sich vor allem im Frontalhirn, ein Befund, der nicht kompatibel mit den zuvor dargestellten Modellen ist, welche die Sprachverarbeitung vor allem im Temporallappen ansiedeln. Die Ergebnisse der hier dargestellten Studien muss man daher eher so verstehen, dass die strategische Nutzung semantischer oder phonologischer Informationen zusätzlich zu den klassischen Spracharealen auch höhere Mechanismen des Frontalhirns aktiviert. Zu diesen typischen Funktionen des Frontalhirns zählen die längerfristige Planung von Handlungen, das kurzzeitige Merken von Informationen (Arbeitsgedächtnis) und höhere Prozesse wie etwa logisches Denken.

Zusammenfassend lässt sich sagen, dass moderne Bildgebungsmethoden in den letzten 10 bis 15 Jahren eine Fülle von neuem und vorher nicht zugänglichem Wissen erbracht haben. Im Vordergrund steht hier die detaillierte Kartierung des Gehirns hinsichtlich der implementierten kognitiven Funktionen. Es ist allerdings heute auch klar, dass allein ein Verständnis der Beteiligung der verschiedenen

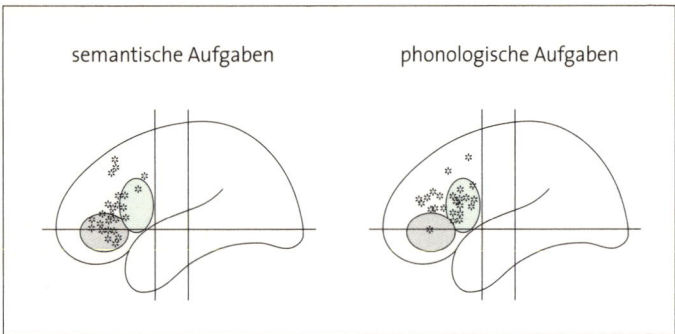

semantische Aufgaben   phonologische Aufgaben

Abb. 7: Hirnorte, die spezifische Aktivierung in Experimenten mit semantischen und phonolgischen Entscheidungsaufgaben zeigten.

Sprachregionen, also das ›Wo‹ der Sprache, nicht ausreichend ist, um zu charakterisieren, wie unser Gehirn unsere sprachlichen Kommunikationsfähigkeiten ermöglicht. Genauso bedeutsam ist es, zu verstehen, wie das zeitliche Zusammenspiel der verschiedenen mentalen Prozesse und Hirnregionen ist. Viele der Prozesse, die oben angesprochen wurden, müssen extrem schnell stattfinden. Die Erkennung eines Wortes und die damit einhergehende Verfügbarmachung von Informationen wie etwa der Zugehörigkeit des Wortes zu einer der verschiedenen Wortklassen (wie Substantiv oder Verb) müssen innerhalb weniger hundert Millisekunden stattfinden. Die bildgebenden Verfahren wie PET und fMRT bieten leider nicht die notwendige zeitliche Genauigkeit, um derart schnelle Prozesse abzubilden.

3.2 Zeitliche Dynamik der Sprache

Neben den bisher besprochenen anatomischen Details zur Sprachverarbeitung im Gehirn ist es wichtig zu wissen, in welcher Weise die beteiligten Hirnareale miteinander kooperieren. Es ist beispielsweise von Interesse zu klären, in welcher zeitlichen Abfolge ver-

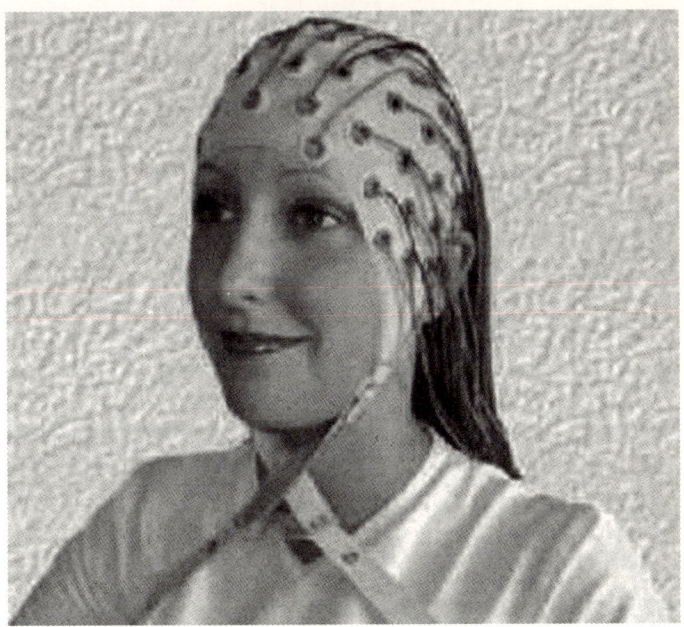

Abb. 8: Aufzeichnung des EEG bei einer Versuchsperson. Die Elektroden zur Erfassung der hirnelektrischen Aktivität sind in einer Haube angebracht. Zusätzliche Elektroden an den Augen erfassen Augenbewegungen.

schiedene sprachliche Prozesse (wie beispielsweise die Worterkennung, die grammatische oder die semantische Analyse) zueinander stehen.

Um diese zeitliche Dynamik der Sprachverarbeitung genauer zu untersuchen, bedarf es zusätzlich zu den bildgebenden Verfahren auch anderer Verfahren mit einer besseren zeitlichen Auflösung. Da einzelne Wörter im Alltag oft nur für wenige Sekundenbruchteile wahrgenommen werden, sollte die zeitliche Auflösung den Bereich von wenigen Millisekunden (tausendstel Sekunden) erreichen. Die Elektroenzephalographie (EEG) stellt ein solches Verfahren dar, bei dem die hirnelektrische Aktivität mit Hilfe von Elektroden auf der Kopfhaut registriert wird (siehe Abbildung 8).

Die Elektroden sind dabei auf eine genormte Art und Weise auf der Kopfhaut angebracht, so dass sie bei verschiedenen Menschen stets etwa über dem gleichen Hirnareal zu liegen kommen (siehe Abbildung 9). Der oder die Buchstaben, welche zur Benennung der Elektroden verwendet werden, geben dabei die ungefähre Lage über einem Hirnlappen an (F = frontal, etc.; Ausnahme: C = zentral), während die Zahlen die Hemisphäre und die Entfernung zur Mittellinie anzeigen. Gerade Zahlen stehen für Elektroden über der rechten Hemisphäre und kleine Zahlen für Elektroden nahe der Mittellinie.

Das EEG misst die elektrische Aktivität der Nervenzellen. Hierin unterscheidet sich das EEG von den bildgebenden Verfahren, welche die durch die Nervenzellaktivität hervorgerufenen Durchblutungsveränderungen abbilden. Das EEG stellt somit ein direkteres Abbild der Hirnaktivität dar. Allerdings erfasst ein an der Kopfhaut gemessenes EEG nicht die Aktivität einzelner Nervenzellen. Ein messbares Signal wird nur bei gleichzeitiger Aktivität einer sehr großen Anzahl benachbarter Neurone generiert. Das menschliche EEG zeichnet sich vorwiegend durch Schwingungen aus, an denen man unterschiedliche Funktionszustände des Gehirns erkennen kann. So unterscheidet sich beispielsweise die Frequenz dieser Schwingungen bei allen Menschen zwischen Schlaf- und Wachzustand.

Auch die Darbietung eines Wortes oder Satzes verändert das EEG. Deshalb ist diese Messmethode sehr gut geeignet, kognitive Prozesse der Sprachverarbeitung zu untersuchen. Allerdings sind die Veränderungen, die infolge einer einzelnen Wort- oder Satzdarbietung auftreten, so minimal, dass man sie im normalen EEG kaum erkennen kann. Es ist daher nicht ausreichend, die zu untersuchenden kognitiven Zustände nur ein einziges Mal herzustellen. Um beispielsweise die hirnelektrische Reaktion auf ein Wort aus dem EEG isolieren zu können, muss das Wort sehr oft wiederholt werden. Bei

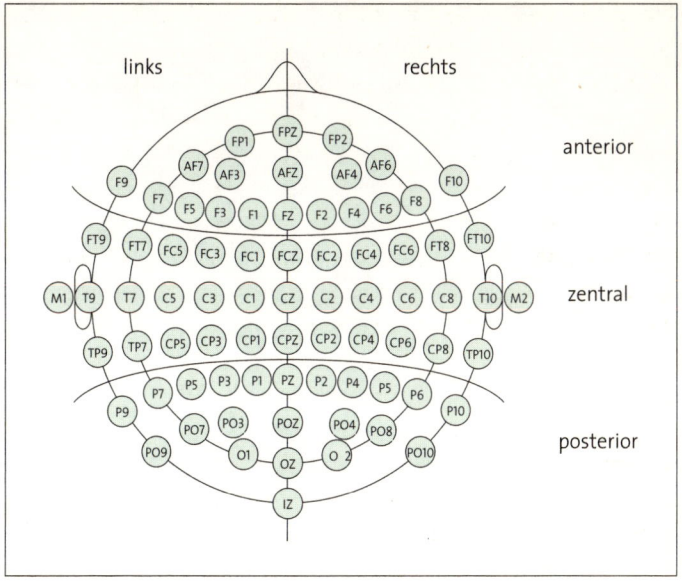

Abb. 9: Lage der EEG-Elektroden auf dem Kopf (Nase oben).

jeder Darbietung wird kontinuierlich das EEG aufgezeichnet. Anschließend werden die EEG-Abschnitte, in denen das Wort präsentiert wurde, gemittelt. Diejenige Aktivität aus dem Signal, die nichts mit der Verarbeitung des Wortes zu tun hat, da sie zufällig einmal positiv und ein anderes Mal negativ ist, wird durch die Mittelung eliminiert. Aktivität, die auf die Verarbeitung des Wortes zurückgeht, addiert sich auf und wird im gemittelten Signal sichtbar. Man erhält auf diese Weise ein so genanntes ereignis-korreliertes Potential (EKP). Die Messung und Entstehung des EKPs aus mehreren Messabschnitten ist in Abbildung 10 dargestellt.

Um Verarbeitungsunterschiede zwischen zwei experimentellen Bedingungen zu isolieren, können dann zwei EKPs miteinander verglichen werden. So lassen sich beispielsweise EKPs auf Wörter und

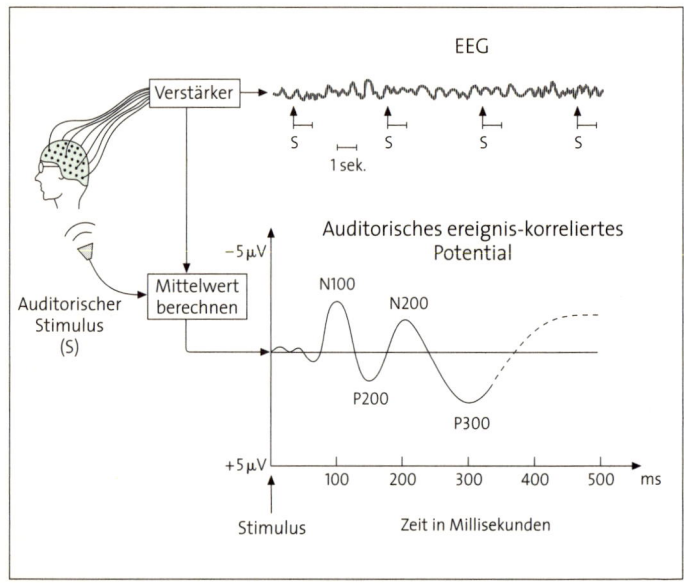

Abb. 10: Schematische Darstellung einer EKP-Studie. Das von der Kopfoberfläche abgeleitete EEG-Signal wird verstärkt, dann werden die Epochen, in denen Reize präsentiert wurden, herausgeschnitten und gemittelt. Das resultierende ereigniskorrelierte Potential (EKP) ist durch bestimmte Signalauslenkungen, so genannte Komponenten, gekennzeichnet.

Nichtwörter vergleichen, um Prozesse der Wortverarbeitung zu untersuchen. Jetzt kann nicht nur bestimmt werden, ob sich zwei EKPs überhaupt unterscheiden, sondern auch ab welchem Zeitpunkt sie sich unterscheiden (vgl. Abbildung 11) und über welchen Hirnregionen die Unterschiede zu sehen sind. Beim Lesen von EKP-Daten ist zu beachten, dass negative Hirnpotentiale meist nach oben in den Diagrammen dargestellt werden. Wie man in Abbildung 11 erkennt, handelt es sich bei einem EKP um eine Abfolge positiver und negativer Potentiale. Diese werden als Komponenten bezeichnet und oft mit

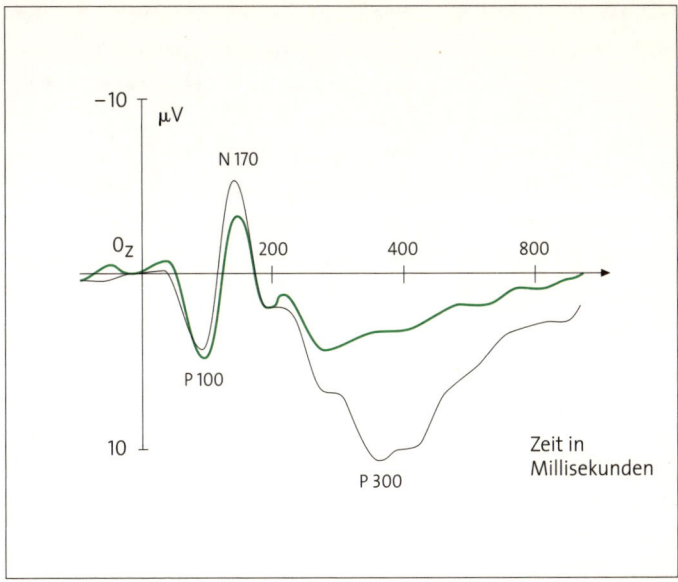

Abb. 11: EKPs aus zwei experimentellen Bedingungen. In der schwarz dargestellten Bedingung ist ab 300 Millisekunden eine stärkere Positivierung zu sehen. Bis 100 Millisekunden verlaufen die beiden EKPs ohne erkennbare Unterschiede.

einer Abkürzung bezeichnet. Diese Bezeichnung setzt sich meist aus einem Buchstaben und einer Zahl zusammen. Der Buchstabe reflektiert die Polarität der Komponente, während die Zahl den Zeitbereich der Komponente in Millisekunden beschreibt. So sehen wir beispielsweise in Abbildung 11 zuerst eine Abfolge von P100 und N170, zwei Komponenten des EKPs im Zeitbereich zwischen 50 und 200 Millisekunden (ms).

Prinzipiell können mit Hilfe sprachpsychologischer Experimente sowohl die Sprachproduktion als auch die Sprachwahrnehmung untersucht werden. Bei der Sprachproduktion tritt allerdings das Problem auf, dass man sich bewegen muss, um Sprache zu produzieren.

Leider verursachen Bewegungen in der Regel Störungen bei den sensiblen Messgeräten, die zur Aufzeichnung der Hirnaktivität verwendet werden. Deswegen werden deutlich mehr EEG-Experimente zur Sprachwahrnehmung durchgeführt.

Misst man in einem Experiment einfach nur die Hirnaktivität, die bei einer bestimmten Aufgabe auftritt, so wird in der Regel ein großer Teil des Gehirns aktiv sein. Das liegt daran, dass viele Areale an einer Aufgabe beteiligt sind. Deswegen vergleicht man meist die Aktivitätsunterschiede zwischen zwei Bedingungen, die sich möglichst nur in einem einzigen Aspekt unterscheiden sollen. Der Unterschied in der Aktivität spiegelt dann die Verarbeitung dieses Unterschiedes zwischen den beiden Bedingungen wider.

Im Folgenden werden beispielhaft einige Ergebnisse aus der elektrophysiologischen Forschung zur Sprachverarbeitung dargestellt. Zuerst werden einige ausgewählte Studien zur Wortverarbeitung eingeführt. Anschließend werden Daten zu komplexeren linguistischen Phänomenen bei der Satzverarbeitung berichtet.

3.3 Dynamik der Verarbeitung einzelner Wörter

Eine der einfachsten Versuchsanordnungen, die man sich in diesem Zusammenhang vorstellen kann, ist der Vergleich der Hirnpotentiale, die bei der Verarbeitung von Wörtern und Nicht-Wörtern hervorgerufen werden. Wenn diese beiden Stimulus-Arten vergleichbar sind hinsichtlich ihrer Länge und perzeptuellen Komplexität, sollten sie auch vergleichbare sensorische Potentiale hervorrufen. Wie man in Abbildung 12 unschwer erkennt, ist dies auch tatsächlich der Fall. In dieser Studie lasen die Probanden Wörter (z.B. ›Auto‹) und so genannte Pseudowörter wie ›Inko‹, während das EEG gemessen wurde. Ein Pseudowort ist hierbei ein verbaler Stimulus, welcher zwar aussprechbar ist, aber keinen Sinn ergibt. Im Bereich bis 200 ms nach Einsetzen der Wortpräsentation sind die EKP-Verläufe der beiden

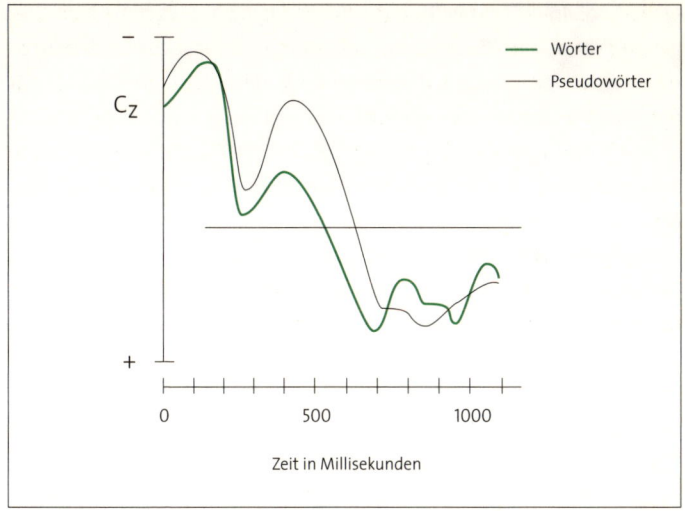

Abb. 12: EKPs für Wörter (grüne Linie) und aussprechbare Pseudowörter (schwarze Linie) unterscheiden sich im Zeitbereich der N400-Komponente, also zwischen ca. 300 und 600 Millisekunden nach Anfang der Wortpräsentation.

Experimentalbedingungen absolut vergleichbar. Dieser Zeitbereich reflektiert die visuelle Verarbeitung der wahrgenommenen Reize.

Was sich jedoch in einer derartigen Studie zur Sprachverarbeitung isolieren lässt, sind spätere neuronale Prozesse, die mit der Worterkennung zu tun haben. Der Unterschied zwischen einem Wort und einem Nicht-Wort liegt in der Tatsache begründet, dass man das Wort kennt. Es existiert also ein Eintrag im mentalen Lexikon, in welchem alles Wissen über diejenigen Wörter, die wir kennen, gespeichert ist. Was also ein Wort von einem Nicht-Wort unterscheidet, ist, dass für das Wort ein erfolgreicher Zugriff auf das mentale Lexikon stattfinden kann, und dass das Wort somit erkannt wird. In Abbildung 12 sieht man, dass sich die Worterkennung offensichtlich in einer Modulation des EKPs im Zeitbereich zwischen ca. 300 und 600 ms niederschlägt. In diesem Zeitfenster scheinen Wörter weniger stark negative Potentiale zu erzeugen als Pseudowörter, die Pseudowörter rufen also eine stärkere ›Negativierung‹ hervor. Über eine Vielzahl von EKP-Studien hat sich gezeigt, dass jedes wahrgenommene Wort eine solche Negativierung im EKP hervorruft. Da diese EKP-Komponente ihr Maximum um 400 ms erreicht, wird sie als N400 bezeichnet.

Was könnte die stärkere N400 für Pseudowörter im Vergleich zu Wörtern bedeuten? Eigentlich könnte man, analog zu den oben beschriebenen Bildgebungsstudien, eine stärkere Reaktion für Wörter erwarten, da diese wiedererkannt werden. Da der beobachtete Effekt jedoch genau umgekehrt ist, muss geschlossen werden, dass sich in diesen EKPs ein mentaler Prozess abbildet, der stärker für Pseudowörter als für Wörter ist. Dies könnte die Suche nach einem Eintrag im mentalen Lexikon sein. Schließlich findet unser Worterkennungssystem ja relativ schnell ein real existierendes Wort in diesem inneren Lexikon, wodurch die N400 nur wenig Zeit hat, sich aufzubauen, und dadurch eine geringere Amplitude erreicht. Hingegen muss bei einem Pseudowort das gesamte Lexikon abgesucht werden, bevor man sich sicher sein kann, dass es dieses Wort nicht gibt. Diese verlängerte Suche im mentalen Lexikon scheint zu einem stärkeren Anstieg der N400 zu führen.

Ist es nun also so, dass alle Wörter eine identische elektrophysiologische Signatur aufweisen? Mitnichten. Es gibt eine Reihe von Beispielen, in denen Unterschiede zwischen verschiedenen Wörtern beobachtet wurden. Ein Beispiel aus der Domäne der Semantik ist das so genannte Priming. Semantisches Priming bezeichnet eine Art Vorbereitung des Worterkennungssystems durch die Präsentation verwandter Wörter. Wenn ein Wort wie Katze nach einem Wort wie Maus gelesen wird, ist dieses wesentlich einfacher zu erkennen. Dies zeigt sich beispielsweise in schnelleren Entscheidungs- oder Lesezeiten in psychologischen Experimenten. Dieser Priming-Effekt zeigt,

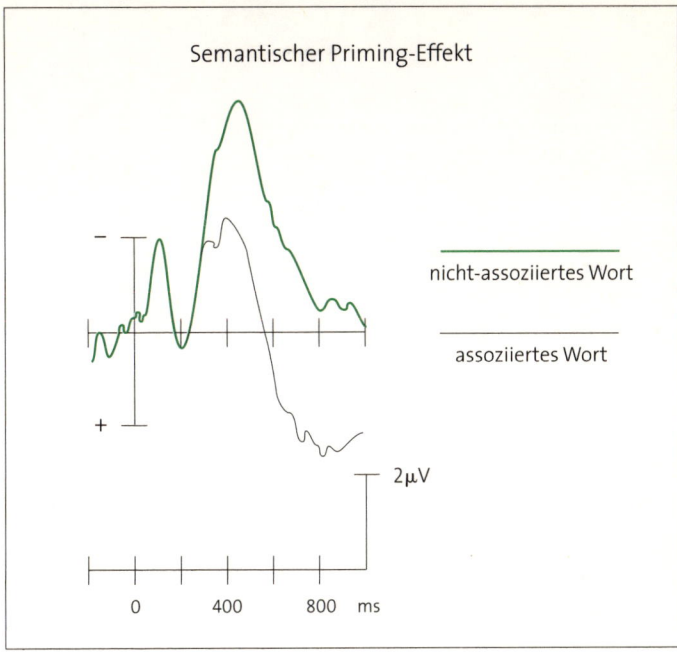

Abb.13: EKPs zeigen einen semantischen Priming-Effekt. Wörter, die auf ein nicht assoziiertes Wort folgen, lösen stärkere EKPs aus als Wörter, denen ein semantisch verwandtes Wort vorausging.

dass ein Wort wie Maus eine gewisse Aktivierung nicht nur für diesen einen Eintrag im mentalen Lexikon erzeugt, sondern auch für semantisch stark verwandte andere Lexikoneinträge. Wenn nun tatsächlich einer dieser ›voraktivierten‹ Einträge benötigt wird, kann wesentlich schneller auf ihn zugegriffen werden als dies normal der Fall wäre. Im EKP zeigt sich der semantische Priming-Effekt in einer Reduktion der N400-Komponente für Wörter, denen ein semantisch verwandtes Wort vorausging (Abbildung 13). Wörter, die auf ein unverwandtes Wort folgen, zeigen im direkten Vergleich eine stärkere

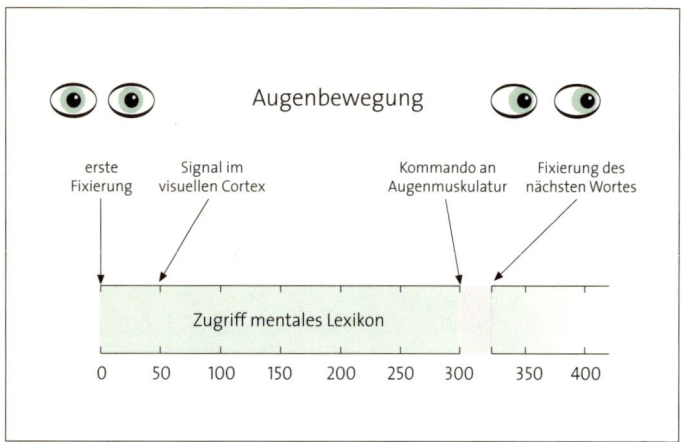

Abb. 14: Schematische Darstellung des Ablaufs der visuellen Worterkennung. In diesem Modell wird die Identifikation der wahrgenommenen Wörter (hier mit ›Zugriff mentales Lexikon‹ bezeichnet) bei ca. 100 ms nach der ersten Fixation des Wortes angenommen. Diese Annahme basiert auf Untersuchungen der schnellen Augenbewegungen während des Lesens.

N400-Reaktion. Auch hier kann die schwächere N400 wieder als ein Resultat der schnelleren Suche im mentalen Lexikon interpretiert werden.

Diese Ergebnisse lassen einige Rückschlüsse auf die Bedeutung der N400-Komponente bei der Sprachverarbeitung zu. Sie scheint Aspekte der Worterkennung, aber auch komplexere Aspekte der Verarbeitung von Wortbedeutungen widerzuspiegeln. Allerdings muss man diese Ergebnisse auch kritisch betrachten. Insbesondere der Prozess der Wortidentifikation sollte – nach den Annahmen einiger kognitiver Modelle der Wortverarbeitung – bereits sehr schnell nach der ersten Wahrnehmung des Wortes stattfinden. Ein solches Modell ist beispielhaft in Abbildung 14 dargestellt. In diesem Modell wird, ausgehend von Studien der schnellen Augenbewegungen beim Lesen, angenommen, dass bereits 100 ms nachdem unsere Augen ein Wort erstmals fixieren, Informationen aus dem mentalen Lexikon aktiviert werden können. Dies ist deutlich früher als der Zeitbereich der N400-Komponente des EKPs. Genauso müsste man eigentlich annehmen, dass die einfache Identifikation eines Wortes deutlich früher stattfindet als die semantischen Prozesse, welche beispielsweise das Priming-Paradigma abbildet. Wie der Leser aus dieser Diskussion erkennen kann, sind im Bereich der neurophysiologischen Erforschung der Worterkennung durchaus noch nicht alle offenen Fragen geklärt. Die hier dargelegte Frage, ob Prozesse der Wortidentifikation in früheren Zeitbereichen des EKPs als in der N400-Komponente reflektiert sind oder nicht, stellt momentan eine viel diskutierte Fragestellung dar und wird sicher in der Zukunft noch weitere Forschungsarbeiten stimulieren.

3.4 Dynamik der Verarbeitung ganzer Sätze

Zur Untersuchung der Mechanismen, welche bei der Verarbeitung komplexerer linguistischer Einheiten – also bei der Verarbeitung ganzer Sätze – zum Tragen kommen, hat sich der Vergleich korrekter und falscher Sätze als sehr erfolgreich erwiesen. Die ersten Experimente verglichen englische Sätze, die semantisch falsch waren, also keinen Sinn ergaben, mit korrekten Sätzen.

Korrekt: »The pizza was too hot to eat.«
Semantisch falsch: »The pizza was too hot to drink.«
Semantisch falsch: »The pizza was too hot to cry.«

Bei derartigen Experimenten geht man davon aus, dass das von korrekten Sätzen evozierte EKP die normale Satzverarbeitung im Gehirn widerspiegelt und Abweichungen davon (in den inkorrekten Sätzen) den Zeitpunkt identifizieren, an dem der Fehler bemerkt wird. Bei dem Experiment zur Semantik zeigte sich, dass, wiederum etwa 400 ms

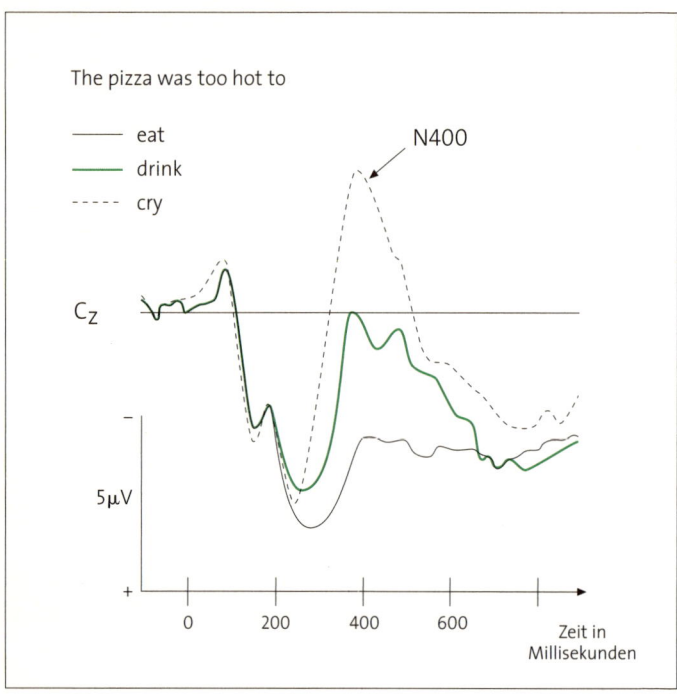

Abb. 15: Semantische Verletzungen in einem Satz evozieren im EKP eine N400.

nachdem das kritische Wort (also »eat«, »drink« oder »cry«) aufgetreten war, für falsche Sätze eine N400 beobachtet wurde, die für semantisch korrekte Sätze nicht auftrat (siehe Abbildung 15). Dieser Effekt war in zentralen und parietalen Elektroden am stärksten. Das semantisch zwar unsinnige, aber immerhin noch zum Kontext des Essens passende Wort »drink« löste dabei eine kleinere N400 aus als das Wort »cry«, welches überhaupt keine Assoziation zum restlichen Satzkontext aufweist. Die N400 ist also umso stärker, je schlechter das finale Wort, welches die semantische Verletzung darstellt, in den bisherigen Kontext des Satzes passt. Das deutet darauf hin, dass der

Mechanismus zur semantischen Integration einen Fehler detektiert hat. Wir scheinen also stets bereits beim Hören der ersten Teile eines Satzes eine gewisse Erwartung über die nachfolgenden Teile des Satzes aufzubauen. Demzufolge wird die N400 bei semantisch inkorrekten Sätzen oft als ein Indikator für eine erhöhte Schwierigkeit bei der semantischen Integration des neuen Wortes in einen bestehenden Kontext interpretiert. Interessanterweise bietet sich hier eine Analogie zu den vorher beschriebenen Studien zum semantischen Priming. Auch dort baut das erste Wort eine Art Kontext auf, welcher durch das folgende Wort verletzt werden kann. Um auch auf der Ebene der theoretischen Interpretation einen Bogen zur Wortverarbeitung zu spannen, könnte man annehmen, die größere N400 bei der Verarbeitung semantisch inkorrekter Sätze spiegele die längere Suche nach einer semantisch adäquaten Interpretation des Satzes wider.

Ähnlich wie semantische Mechanismen der Satzverarbeitung untersucht werden können, lassen sich auch syntaktische Aspekte der Satzverarbeitung isolieren.

Korrekt: »Der Fisch wurde im Teich geangelt.«
Syntaktisch falsch: »Der Fisch wurde im geangelt.«

Im zweiten Satz muss nach den Regeln der deutschen Sprache auf die Präposition »im« ein Substantiv folgen, damit eine korrekte Präpositionalphrase entsteht. Folgt stattdessen, wie im obigen Beispiel, ein Verb, stellt dies eine Verletzung der erwarteten Struktur des Satzes dar. Im EKP zeigt sich bereits nach 120 ms ein signifikant erhöhtes Signal für ungrammatische Sätze (siehe Abbildung 16). Dieser Effekt tritt am stärksten in Elektroden über dem linken Frontallappen auf, woraus sich der Name für diese Komponente ableitet: ELAN (early left anterior negativity = frühe links-frontale Negativität). Auf Grund dieser räumlichen Verteilung des ELAN-Effektes liegt es nahe,

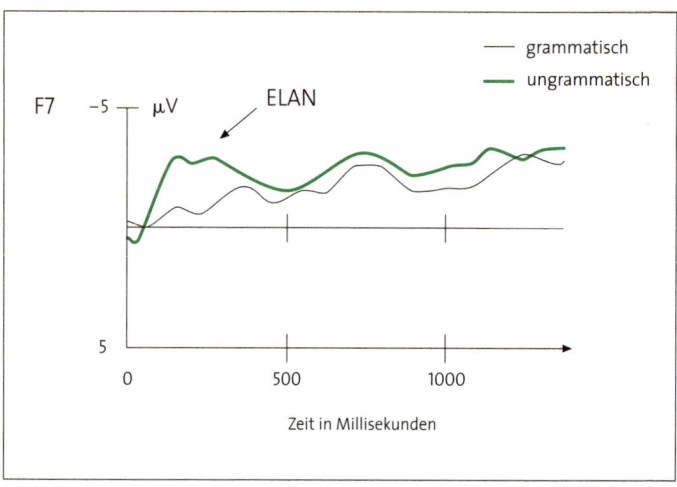

Abb. 16: Syntaktische Verletzungen in einem Satz evozieren in Elektroden über dem linken Frontallappen nach 120 ms eine ELAN (early left anterior negativity).

ihn mit dem direkt unter diesen frontalen Elektroden liegenden Broca-Areal in Verbindung zu bringen. Im Vergleich zur N400 fällt auf, dass die syntaktische Verletzung vom Gehirn offensichtlich schon vor der semantischen Verletzung detektiert wird.

Obwohl in beiden bisher diskutierten Fällen Erwartungen über den Verlauf eines gesprochenen Satzes verletzt werden, deuten die Potentialverteilungen über dem Schädel darauf hin, dass die durch die Verletzungen hervorgerufenen EKP-Komponenten ihren Ursprung in unterschiedlichen Hirnregionen haben. Dies kann als ein weiterer Beleg dafür angesehen werden, dass im Gehirn verschiedene Funktionen von separaten Regionen erfüllt werden.

Die beobachtete ELAN ist aber nicht der einzige Unterschied, den man findet, wenn man die EKPs für korrekte und syntaktisch falsche Sätze vergleicht. Einige Hundert Millisekunden später kann man an Elektroden über dem Parietallappen eine Positivierung erkennen, die

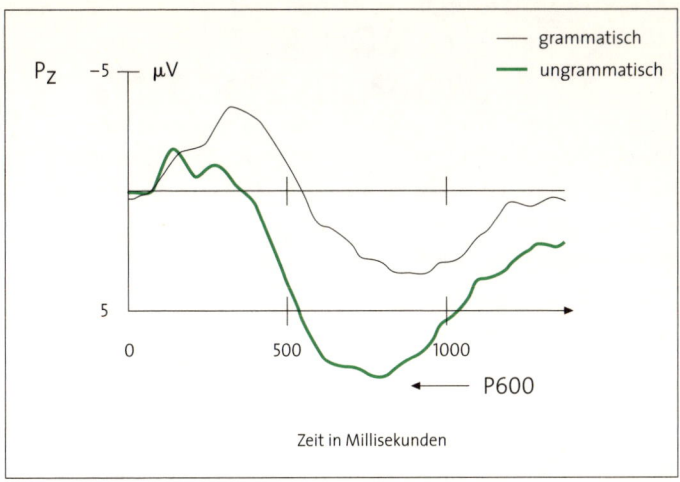

Abb. 17: Syntaktische Verletzungen in einem Satz evozieren in Elektroden über dem Parietallappen nach ca. 600 ms eine P600.

nach etwa 600 ms ihr Maximum erreicht und daher P600 getauft wurde (siehe Abbildung 17). Diese späte Positivierung könnte den Versuch anzeigen, den Satz angesichts der grammatischen Probleme zu restrukturieren – und somit doch noch zu einer möglichen Interpretation zu gelangen.

Die drei bedeutendsten EKP-Komponenten, die von Regelverletzungen in Sätzen evoziert werden, folgen also zeitlich aufeinander: Zuerst tritt frontal die ELAN mit einer Lateralisierung zur linken Hemisphäre auf. Diese EKP-Komponente zeigt eine Verletzung syntaktischer Regeln an. Anschließend tritt, als Reaktion auf eine semantische Verletzung, in zentralen und parietalen Elektroden eine N400 auf. Schließlich entsteht, wiederum für ungrammatische Sätze, eine P600 über parietalen Elektroden, die wahrscheinlich die Reanalyse des falschen Satzes widerspiegelt.

4. MODERNE
NEUROKOGNITIVE MODELLE

Aus den zuletzt geschilderten EKP-Befunden zur Satzverarbeitung ergibt sich ein Modell des Sprachverstehens, welches unterschiedliche, zeitlich aufeinander folgende Phasen für verschiedene Aspekte der Satzverarbeitung annimmt (siehe Abbildung 18). Ziel des Sprachverarbeitungssystems ist es, das Sprachsignal so zu analysieren, dass daraus ein stimmiges mentales Abbild der Struktur und Bedeutung des Satzes aufgebaut werden kann, welches der Intention des Sprechers entspricht. Hierbei scheint die syntaktische Information vorrangig zu sein. Wie die EKP-Ergebnisse belegen, gibt es einen sehr frühen Verarbeitungsschritt, welcher dafür zuständig ist, das wahrgenommene Wort sehr schnell in eine mentale Repräsentation der Satzstruktur zu integrieren. Dieser Mechanismus verwendet Informationen über die Kategorie des Wortes (Substantiv, Verb etc.). Passt das aktuell wahrgenommene Wort nicht zur restlichen Satzstruktur (wenn also beispielsweise ein Verb wahrgenommen wird, wo ein Substantiv folgen muss), wird die beschriebene ELAN hervorgerufen.

Nach diesem ersten Schritt des Aufbaus einer strukturellen Repräsentation des Satzes wird die Bedeutung des Wortes aus dem Lexikon aktiviert, und es wird versucht, das Wort auch lexikalisch-semantisch in den bestehenden Satzkontext zu integrieren (siehe Abbildung 18). So scheint das Sprachverarbeitungssystem, bevor entschieden werden kann, ob ein Satz wie »Das Buch schreibt den Autor« Sinn hat, den Satz erst einmal hinsichtlich seiner syntaktischen Struktur zu analysieren, um Subjekt, Prädikat und Objekt des Satzes zu detektieren. Diese verschiedenen syntaktischen Funktionen können nicht – wie dies in anderen Sprachen wie etwa dem Englischen möglich ist – alleine aus der Wortstellung heraus bestimmt werden. Dies sieht man an dem folgenden Satz »Das Buch schrieb der Autor«, welcher

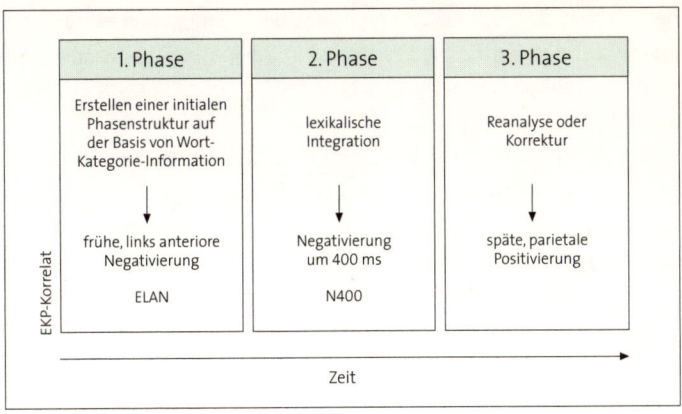

Abb. 18: Modell der zeitlichen Dynamik der Satzverarbeitung und der assoziierten EKP-Komponenten (nach Friederici, 1995).

die gleiche Wortabfolge hat, aber etwas völlig anderes bedeutet. Beide Sätze sind syntaktisch korrekt, aber nur einer macht eine sinnvolle Aussage.

Nach der frühen syntaktischen und der darauf folgenden lexikalisch-semantischen Verarbeitungsphase nimmt das in Abbildung 18 dargestellte Modell eine abschließende Phase der Reanalyse bzw. Korrektur an. Dieser Korrektur-Prozess bezieht sich ausschließlich auf strukturelle, also syntaktische, Probleme, die früher im Satz aufgetaucht sind. Die mit dieser Phase einhergehende P600-Komponente des EKPs wird nur bei syntaktischen, nicht bei semantischen Verletzungen in Sätzen hervorgerufen. Im Falle der normalen Satzverarbeitung – und die hier geschilderten Untersuchungen von Sätzen mit Verletzungen versuchen letztlich nichts anderes, als die Verarbeitungsschritte der normalen Satzverarbeitung zu bestimmen – ist diese letzte Phase vermutlich wenig bedeutsam. Generell ist nicht auszuschließen, dass sich die beschriebenen Verarbeitungsphasen teilweise überlappen, also teilweise parallel vonstatten gehen, da sich die zeitliche Beschreibung, die hier gegeben wurde, vorrangig auf den Zeitpunkt der stärksten Effekte beschränkt hat. Die meisten EKP-Komponenten fangen jedoch schon ein paar 100 ms an, bevor sie ihr Maximum erreichen.

Für eine Sprache, die sich nicht nur auf das bloße Aneinanderreihen einzelner Worte beschränkt, sondern die Bedeutung insbesondere auch durch die hierarchische Kombination verschiedener Klassen von Wörtern erzeugt (**Beschreibungsebenen der Sprache**), scheint eine solche zeitliche Abfolge von syntaktischen und semantischen Verarbeitungsschritten, wie sie hier beschrieben wurde, ein sehr effizienter Weg zu sein, die verschiedenen Facetten des Sprachsignals zu berücksichtigen, ohne zu viele mentale Ressourcen für das Satzverstehen verbrauchen zu müssen. Schließlich können wir neben der sprachlichen Kommunikation parallel eine ganze Reihe anderer Dinge tun, wie beispielsweise Auto fahren oder am Computer arbeiten.

Aus diesen Betrachtungen zur zeitlichen Dynamik unterschiedlicher Aspekte der Satzverarbeitung ergibt sich interessanterweise eine Unterstützung für diejenigen Modelle der Wortverarbeitung, welche eine sehr frühe Phase der Wortidentifikation annehmen (siehe Abbildung 14). Dies sollte zwangsläufig der Fall sein, wenn erste Syntax-Operationen der Satzstrukturierung, welche auf Informationen aus dem Lexikoneintrag des Wortes (z.B. Kategorie des Wortes) angewiesen sind, schon ca. 150 bis 200 ms nach der Wahrnehmung des Wortes stattfinden können. Hieraus muss geschlussfolgert werden, dass die Wortverarbeitung zu diesem Zeitpunkt schon so weit fortgeschritten sein muss, dass das Wort erkannt und der zugehörige Lexikoneintrag – wenigstens teilweise – aktiviert wurde.

Wenn die soeben diskutierten elektrophysiologischen Daten mit den Ergebnissen aus bildgebenden Studien, die weiter oben dargestellt wurden, kombiniert werden, ergibt sich ein wesentlich komplexeres, raum-zeitliches Schema der Sprachorganisation. Abbildung 19 zeigt eine schematisierte Darstellung eines Modells der Sprach-

S. 78

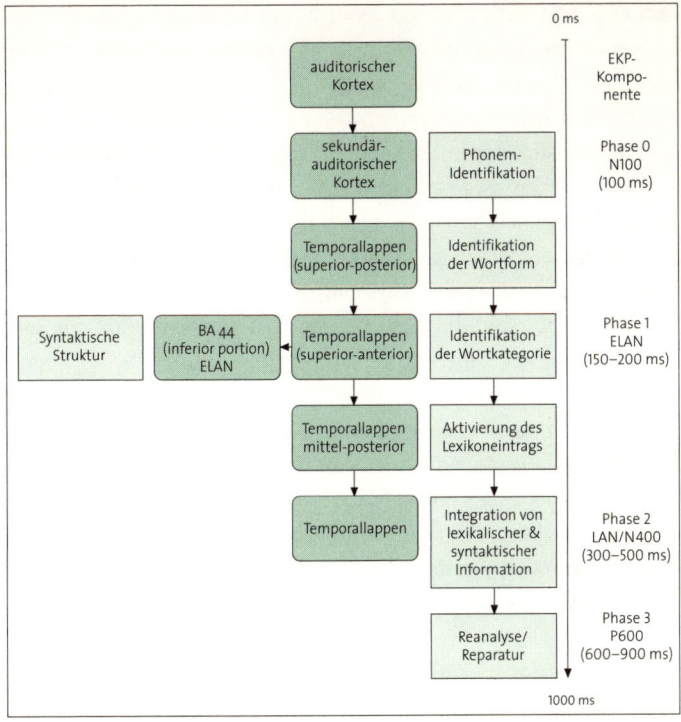

Abb.19: Ein neurokognitives Modell zur akustischen Sprachverarbeitung (nach Friederici, 2002). Hellgrüne Kästen: angenommene Sprachverarbeitungsprozesse; dunkelgrüne Kästen: korrespondierende Hirnareale.

organisation im Gehirn, welches eine Weiterentwicklung des gerade eingeführten 3-Phasen-Modells darstellt. Dieses Modell beschreibt insbesondere die Mechanismen der akustischen Satzverarbeitung.

In diesem Modell ist eine Zeitachse sichtbar, welche die Abfolge der verschiedenen Phasen der Satzverarbeitung darstellt, ähnlich wie dies im weiter oben dargestellten 3-Phasen-Modell der Fall war. Durch Berücksichtigung der Ergebnisse einer Vielzahl von bildgebenden Studien zur Sprachverarbeitung sowie Läsionsstudien können hier jedoch zusätzlich Angaben zur cortikalen Repräsentation der verschiedenen Verarbeitungsstufen gemacht werden. So ist es unbestritten, dass frühe akustische Verarbeitung von Sprache im Hörcortex stattfindet. Die Identifikation von Phonemen – den kleinsten bedeutungstragenden Einheiten des akustischen Sprachsignals – und die Erkennung der akustischen Wortform wird posterioren Regionen des linken Temporallappens zugeschrieben und findet 100 bis 150 ms nach Hören des Wortes statt. Als nächste Verarbeitungsschritte folgen die Identifikation der Kategorie des Wortes (Verb, Substantiv etc.) und die Verwendung dieser Information zum Aufbau eines mentalen Abbildes der Struktur des Satzes. Hierfür sind der vordere Anteil des Temporallappens sowie die Region des Broca-Areals zuständig. Höhere semantische Funktionen scheinen wiederum auf andere Regionen des Temporallappens zurückzugreifen.

Allerdings verlässt sich die Sprachfunktion des Gehirns nicht ausschließlich auf Regionen der Großhirnrinde. Phylogenetisch älter als diese – und daher vermutlich auch schon bedeutsam für frühere Vorläufer der verbalen Kommunikation bei unseren evolutionsgeschichtlichen Vorfahren – sind Zellansammlungen im Gehirn, die tiefer als die bisher diskutierten Regionen des Gehirns, unter der Cortexoberfläche, versteckt liegen. Diese **subcortikalen Regionen** sind in viele sensorische, motorische und kognitive Prozesse involviert, so auch in die Sprachverarbeitung. Anatomische Studien am Primatenhirn zeigen mit hoher Genauigkeit, dass diese subcortikalen Hirnregionen durch komplexe Rückkopplungs-Kreisläufe mit unterschiedlichen Regionen der Großhirnrinde kommunizieren.

S. 94

5. STÖRUNGEN DER SPRACHE

Pathologische Veränderungen der Sprache – Sprachstörungen – können sowohl angeboren sein als auch später erworben werden. Angeborene Sprachstörungen umfassen beispielsweise die Lese-Recht-schreib-Schwierigkeit (**Dyslexie**), aber auch andere Syndromkomplexe wie die so genannte spezifische Sprachentwicklungsstörung SSES (engl.: Specific Language Impairment). SSES-Kinder zeigen, trotz eines normalen Hörvermögens und ansonsten normalem kognitivem und sozialem Entwicklungsverlauf, eine verzögerte Ausbildung der Sprachfähigkeit. Häufig tritt SSES familiär auf, das heißt, dass diese Form der Sprachentwicklungsstörung bei mehreren Familienmitgliedern beobachtbar ist. Angeborene Sprachstörungen gehen in der Regel auf einen genetischen Defekt zurück. Die Untersuchung dieser Krankheiten erlaubt es, erste Informationen über die genetischen Grundlagen von Sprache zu erhalten.

S. 103

Erworbene Sprachstörungen, die Aphasien, gehen zumeist auf neurologische Erkrankungen wie Infarkte, Tumoren oder entzündliche Prozesse und die daraus resultierenden mehr oder weniger selektiven Schädigungen bestimmter Hirnregionen zurück. Zwei prominente Formen der Aphasie, die Broca- und Wernicke-Aphasie, wurden weiter oben schon eingeführt. Eine Aphasie ist sehr häufig eher ein komplexes Syndrom, also eine Kombination aus verschiedenen einzeln beschreibbaren Symptomen, als ein einheitliches Störungsbild. Allerdings gibt es auch gewisse Gemeinsamkeiten zwischen den unterschiedlichen aphasischen Syndromen. So sind beispielsweise viele der Aphasien durch Wortfindungsstörungen und Probleme beim Wortwiederholen gekennzeichnet. Auch treten sehr häufig so genannte Paraphasien auf, das heißt Sprachfehler beim Sprechen, die vom intendierten Wort durch unbeabsichtigte Ersetzungen abweichen. Eine etwas genauere Betrachtung der aphasischen Syndrome findet sich in der Vertiefung zu **Aphasien**.

S. 101

Bei Verdacht auf eine Aphasie stehen den Logopäden und klinischen Linguisten normierte Testsysteme zur genaueren Diagnose der Beeinträchtigung zur Verfügung. Das wohl am weitesten im deutschsprachigen Raum verbreitete System ist der *Aachener Aphasie Test*.

Mit derartigen Tests können eine Reihe von linguistischen Funktionsbereichen wie etwa Bildbenennung oder Textverstehen untersucht werden. Hierzu dienen in der Regel standardisierte Texte oder Bilder. Zur Untersuchung der Spontansprache nimmt der Therapeut gesprochene Sprache der Patienten auf Band auf und wertet diese entsprechend festgelegter Kriterien aus. Im Rahmen der klinisch-neurolinguistischen Untersuchung und Behandlung erworbener Aphasien werden aphasische Patienten häufig auf Basis solcher Testergebnisse zu einer der großen Syndromklassen (**Die Aphasien**) zugeordnet. Diese Zuordnung kann dann in der Folge auch die Wahl geeigneter Therapieansätze mit beeinflussen. Es sei jedoch auch darauf hingewiesen, dass viele klinische Neurolinguisten heutzutage den großen Syndromklassen weniger Bedeutung zumessen als früher. Unter dieser Sichtweise tritt die genauere Beschreibung der aphasischen Symptome des Einzelfalles mehr in den Vordergrund, und Therapieprogramme können besser auf die individuellen Bedürfnisse der Patienten abgestimmt werden.

Genauso wie es diagnostische Materialien zur genaueren Bestimmung von Sprachproblemen gibt, sind auch etablierte Therapiekonzepte vorhanden, um aphasische Störungen, soweit möglich, durch gezieltes Training bestimmter sprachlicher Funktionen abzumildern. Hierzu kann das Training der Artikulation genauso gehören wie das gezielte Lernen grammatischer Zusammenhänge in Sätzen.

6. EVOLUTION DER SPRACHE

6.1 Vom Tier zum Menschen

Ein Blick in die Tierwelt zeigt, dass nur der Mensch Sprache in der Form benutzt, wie wir es gewohnt sind. Nur Menschen sitzen zusammen und diskutieren über die Evolution der Sprache oder schreiben Bücher darüber. Es gibt allerdings Tiere, die durchaus miteinander kommunizieren, indem sie Geräusche ausstoßen, die von anderen wahrgenommen werden. Daher ist es interessant zu betrachten, inwiefern sich Sprache im Laufe der Evolution entwickelt hat und welche Tiere wie gut kommunizieren können.

Um miteinander sprechen zu können, bedarf es verschiedener Voraussetzungen. Einerseits müssen beide Gesprächspartner dazu in der Lage sein, Sprache zu produzieren und wahrzunehmen. Es müssen also Organe vorhanden sein, die Information aufnehmen und aussenden können. Anhand dieses Kriteriums scheiden also schon all diejenigen Tiere aus, die auf Grund ihres einfachen Bauplans keine geeigneten Organe für die Produktion und Wahrnehmung von sprachähnlicher Information besitzen. Allerdings gibt es bei vielen Tierarten auch nichtsprachliche Kommunikation wie etwa mit Hilfe von Gerüchen, die hier nicht näher behandelt wird. Einzellige Organismen, wie Wimperntierchen, können zwar über Haarzellen Objekte detektieren und ihnen durch Bewegung ausweichen, aber ihre Haarzellen sind nicht darauf ausgelegt, die Bewegungen anderer Wimperntierchen wahrzunehmen. Man kann deswegen zwar behaupten, das Tier interagiere mit seiner Umwelt, aber es kommuniziert nicht mit anderen Artgenossen. Bei uns Menschen hat sich die Motorik so entwickelt, dass wir Sprache durch Muskelaktivität erzeugen können, die von anderen Menschen wahrgenommen werden kann. Auch wir teilen uns in erster Linie durch Muskelaktivität unserer Umwelt mit. Bestimmte Muskeln können Luft aus den Lungen pressen, die von anderen Muskeln des Sprechapparates zu Sprachlauten geformt wird. Diese Laute können über eine gewisse Distanz transportiert werden, und unser Gehör, welches genau wie die Wahrnehmungsorgane niedrigerer Organismen auf Haarzellen basiert, kann diese entfernt erzeugten Laute wahrnehmen.

Natürlich sind uns allen auch einige Tiere bekannt, die diese Voraussetzung erfüllen. Die Spektrogramme in Abbildung 20 zeigen,

47

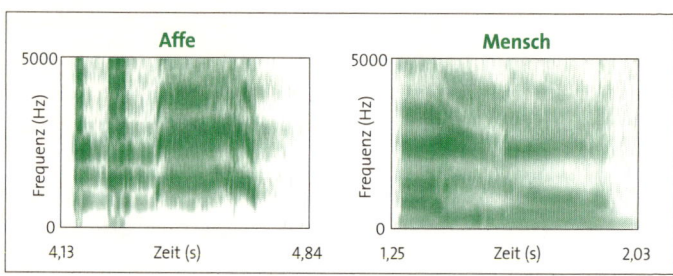

Abb. 20: Die Spektrogramme eines Affenschreis (links) und des von einem Menschen gesprochenen Wortes »hallo« (rechts).

wie ähnlich sich Affenlaute und menschliche Sprache hinsichtlich ihrer Signalkomplexität sind. Typische Haustiere, wie Hund und Katze, produzieren uns wohl bekannte Laute, d.h. auch Haustiere verfügen über eine gewisse Sprachfähigkeit. Ein weiterer Aspekt menschlicher Sprache ist aber, dass sie beim Erzeuger eine bestimmte Intention der Kommunikation erfüllt. Bei unseren Haustieren ist es zwar so, dass bestimmte Laute auch mit bestimmten Situationen einhergehen. Aber ob ein Hund die Absicht hat, seinen Schmerz mitzuteilen, wenn man ihm versehentlich auf den Schwanz tritt, darf bezweifelt werden. Es handelt sich wahrscheinlich eher um eine automatische Handlung, die auch in Abwesenheit eines Zuhörers ablaufen würde. Dies unterscheidet also selbst das Wimmern eines Hundes vom Weinen eines Kindes, welches ab einem gewissen Alter sehr wohl seine Reaktion davon abhängig macht, ob es gehört wird. Es gibt aber auch aus dem Tierreich Beispiele für Lautproduktion, die eine bestimmte Absicht zu erfüllen scheint. Vögel können beispielsweise bestimmte Laute produzieren, die als Warnrufe für andere Vögel dienen, wenn sich potenzielle Feinde nähern. Am besten untersucht ist das Vorkommen von Warnrufen bei unseren nahen Verwandten – den Affen. Manche Affenarten verfügen über ein Repertoire an Warnrufen, die spezifisch für bestimmte Gefahren, wie Adler oder Schlangen, sind. Abhängig von dem geäußerten Warnruf werden bei den Artgenossen auch angemessene Reaktionen ausgelöst. So wurde beispielsweise beobachtet, dass Affen nach einer ›Schlangenwarnung‹ auf den Boden schauen, während sie den Luftraum erkunden, wenn Gefahr von Adlern signalisiert wurde. In diesen Fällen ist also der kommunikative Charakter der Sprache erfüllt. Man muss daher sogar annehmen, dass Affen über eine Art von Semantik verfügen.

Schließlich birgt die menschliche Sprache aber einen sehr typischen Aspekt, der sie deutlich von tierischer Kommunikation unterscheidet, nämlich ihre hierarchische Struktur, die Syntax.

Der Philosoph Karl Popper hat Sprache in 4 Ebenen unterteilt, die jeweils verschiedenen Funktionen gewidmet sind:

Sprachebene	Funktion	Beispiel
1	Ausdrucksfunktion	Weinen
2	Signalfunktion	Alarmruf
3	Darstellungsfunktion	»Wasser ist naß.«
4	Erklärungsfunktion	» ..., weil ...«

Die erste Stufe der Sprache bezieht sich auf die expressive Funktion, die auch Tiere nachweislich erreichen. Dabei geht es um Lautäußerungen, die emotionale Zustände begleiten, wie etwa Lachen, Weinen oder Schreien. Bei Sprache der zweiten Stufe kommt die Signalfunktion hinzu, was ausdrücken soll, dass der Sender einer Lautäußerung beim Empfänger eine bestimmte Reaktion auslösen möchte. Die Alarmrufe von Tieren gehören hierzu. Spätestens auf dieser Stufe ist ein Wissen über die Bedeutungen der verwendeten Laute erforderlich, damit der Sender beim Empfänger tatsächlich die gewünschte Reaktion (Aufmerksamkeit, Flucht) auslösen kann. Auf der ersten Ebene ist nicht klar, ob die angeborenen kommunikativen Verhaltensweisen eine von den anderen Artgenossen verstandene Bedeutung tragen, wenngleich es wahrscheinlich ist, dass die Lautäußerung dem Empfänger dazu dienen kann, emotionale Zustände des Senders zu erkennen. Die beiden bisher besprochenen Ebenen sind nicht nur dem Menschen vorbehalten, sondern werden auch von tierischer Kommunikation erreicht. Auf der dritten Ebene kommt aber eine deskriptive Funktion hinzu, die es beispielsweise auch ermöglicht zu lügen. Der größte Teil der menschlichen Kommunikation spielt sich auf dieser dritten Ebene ab und erfordert zusätzlich zum semantischen Wissen eine Syntax. Beispiele sind Beschreibungen des letzten Urlaubsorts oder des Weges zu einem neuen Ort. Das nichtsprachliche Verhalten von manchen Tieren schließt zwar auch das Konzept der Unwahrheit bzw. des Betrugs ein. Affen können sich gegenseitig betrügen, etwa indem sie Warnrufe in Abwesenheit einer Gefahr abgeben, um eine Futterquelle für sich alleine zu beanspruchen. Aber in ihrer Sprache ist die dritte Ebene bisher nicht beobachtet worden.

Es war lange Zeit sehr schwierig zu untersuchen, ob Affen ihre Sprache auch für Funktionen der dritten Ebene einsetzen. Ein Problem stellt der Sprechapparat der Affen dar, der nicht so gut für komplexe, differenzierte Lautäußerungen geeignet ist wie der menschliche. Allen und Beatrice Gardner brachten der Schimpansin Washoe über 100 Symbole der amerikanischen Gebärdensprache bei. Die erlernten Zeichen waren Abstraktionen für Objekte und Attribute. Washoe lernte, diese Zeichen anzuwenden, um Signale zu übermitteln, die in erster Linie Forderungen nach Nahrung und Zuneigung (Streicheln) darstellten. Obwohl dieses Experiment zeigte, dass Schimpansen in der Lage sind, abstrakte Symbole zur Kommunikation einzusetzen, wurden ausschließlich Funktionen der zweiten Sprachebene von Washoe verwendet. Sie hat außerdem keine Syntax erlernt und konnte nicht zwischen Sätzen ihres Betreuers wie »ich gebe Washoe Banane« und »Washoe geben mir Banane« unterscheiden.

David Premack hat einer weiteren Schimpansin, Sarah, das Verwenden von Plastikchips zum Zweck der Kommunikation beigebracht. Sarah war anschließend in der Lage, die Symbole in einer inhaltlich sinnvollen Reihenfolge anzuordnen und sogar einfache WENN-DANN-Aussagen zu treffen. Ordnete man die Symbole »Apfel« und »zwei halbe Äpfel« auf einer Magnettafel an, so konnte sie das Symbol »Messer« zwischen die anderen beiden Symbole heften, was eine kausale Bedeutung anzeigte. Obwohl Sarah also eine rudimentäre Struktur in symbolischer Kommunikation verwenden konnte, waren ihre eigenen Sprachäußerungen stets wieder nur auf der zweiten, expressiven Ebene der Sprache angesiedelt.

Susan Savage-Rumbaugh untersuchte vor kurzem die grammatikalischen Fähigkeiten von Bonobo-Affen, die wegen ihres sozialen Verhaltens in Gruppen bekannt sind. Im Gegensatz zu den vorherigen Experimenten untersuchte sie aber nicht die Sprachproduktion, sondern das Sprachverständnis, indem sie die Fähigkeit des Bonobos Kanzi und eines Kindes während ihrer Entwicklung verglich. Bis zu einem Alter von etwa 2 1/2 Jahren entwickelte sich das Sprachverständnis der beiden recht ähnlich. Dann aber entwickelte sich die Sprachfähigkeit des Kindes rasant weiter, während der passive Wortschatz von Kanzi bei 400 bis 500 Wörtern stehen blieb.

Auf der vierten Ebene wird von der Sprache eine argumentative Funktion erfordert. Diese Stufe ist ganz klar dem Menschen vorbehalten. Nur wir erklären einander, warum wir etwas tun oder wollen und tauschen verschiedene Argumente für und wider eine Sache aus.

Wenn sich der Mensch also nicht nur quantitativ, sondern qualitativ in seiner Sprachfähigkeit von den Tieren unterscheidet, drängt sich die Frage auf, welche anatomische Grundlage diesen Unterschied bedingt. Die Neurowissenschaft geht davon aus, dass mentale Prozesse aus neuronaler Aktivität resultieren und jedem mentalen Prozess, wie der Sprache, ein neuronales Korrelat zugeordnet werden kann. Demnach müsste es also bei so stark abweichendem Verhalten auch anatomische Unterschiede zwischen Affen und Menschen geben. Auf der Suche nach solchen Unterschieden bieten sich einerseits die Laute erzeugenden und wahrnehmenden Organe und andererseits diejenigen höheren Hirnareale an, die beim Menschen spezifisch für Sprachproduktion und Sprachwahrnehmung sind. Auch Affen können mit Hilfe von Lauten kommunizieren, die mit den gleichen Muskeln erzeugt werden wie beim Menschen. Diese Muskeln werden sogar von den gleichen Nerven innerviert und die erzeugten Sprachlaute ähneln sich in ihrem Signalverlauf. Die Lage der spracherzeugenden Organe befähigt zwar durch einen tiefer liegenden Kehlkopf und die Ausbildung eines größeren Nasen-Rachen-Raums den Menschen zur Erzeugung differenzierterer Sprachlaute, aber es scheint zumindest bei den Menschenaffen keine prinzipielle Einschränkung in dieser Hinsicht zu geben, sondern lediglich eine Fortentwicklung auf der Seite des Menschen. Auch der auditorische Cortex der Menschenaffen ist dem des Menschen anatomisch sehr ähnlich und wird daher oft als Modell für den menschlichen auditorischen Cortex verwendet, da er bei den Affen besser untersucht werden kann. Die von Affen erzeugten Schalldruckschwankungen können von anderen Affen wahrgenommen werden, und die oben geschilderten Ergebnisse vom Bonobo Kanzi zeigen, dass auch menschliche Sprachlaute prinzipiell von Affen perzipiert werden. Wenn die Laute erzeugenden und wahrnehmenden Organe also keinen quantitativen Unterschied zwischen Menschen und Menschenaffen zeigen, ist der Unterschied wahrscheinlich im Gehirn bei den an der Sprachverarbeitung beteiligten Hirnarealen zu suchen. Dazu gehören in erster Linie das Broca-Areal im Frontallappen, das Wernicke-Areal im Temporallappen sowie das Grenzgebiet zwischen Parietal-, Occipital- und Temporallappen, welches den Gyrus supramarginalis und den Gyrus angularis einschließt (**cortikale Sprachregionen**). Menschenaffen besitzen genau wie der Mensch vier Hirnlappen, in denen sensorische und motorische Areale in sehr ähnlicher Ausprägung an den gleichen anatomischen Orten vorhanden sind. Unterschiede in den **primären sensomotorischen Arealen** scheinen also nicht für die Verhaltensunterschiede verantwortlich zu sein. Um Unterschiede zwischen diesen beiden Spezies aufzuzeigen, bedarf es also eines genaueren Vergleichs der Anatomie. Eine besonders differenzierte Untersuchung von Gehirngewebe hat Korbinian Brodmann 1909 eingeführt. Er hat die Zellarchitektur in den sechs verschiedenen Schichten des Cortex untersucht und festgestellt, dass es innerhalb der verschiedenen Lappen stets mehrere Areale gibt, die sich nach ihrer Architektur in Zellgröße, Zelldichte etc. unterscheiden lassen. Er unterteilte Areale mit unterschiedlicher Architektur und nummerierte sie. Daraus resultierte eine noch heute gebräuchliche Kartierung in so genannte Brodmann-Areale, für die sich später herausstellte, dass sie sich auch funktionell unterscheiden (siehe Abbildung 21).

Das Broca-Areal, das nahe dem motorischen Cortex für die Sprachmotorik im Frontallappen liegt, umfasst die Brodmann-Areale 44 und 45. Das Wernicke-Areal, das den primären auditorischen Cortex im Temporallappen umgibt, entspricht dem Brodmann-Areal 22. Der Gyrus supramarginalis entspricht dem Brodmann-Areal 40 und der Gyrus angularis dem Brodmann-Areal 39. Brodmanns Schüler Mauss fertigte ähnliche Karten für das Gehirn eines Orang-Utan an (siehe Abbildung 22).

Ein dem Wernicke-Areal entsprechendes Brodmann-Areal 22, das den primären auditorischen Cortex umgibt, kann auch hier gefunden werden. Dies ergibt auch Sinn, wenn man davon ausgeht, dass im Wernicke-Areal die Bedeutung der Sprache repräsentiert wird, da ja auch die Menschenaffen bedeutungstragende Laute zur Kommunikation verwenden. Läsionen in diesem Bereich des Affenhirns führen in der Tat zu einer Störung der Kommunikationsfähigkeit. Im Frontallappen des Orang-Utans fällt allerdings auf, dass die Areale 44

S. 84

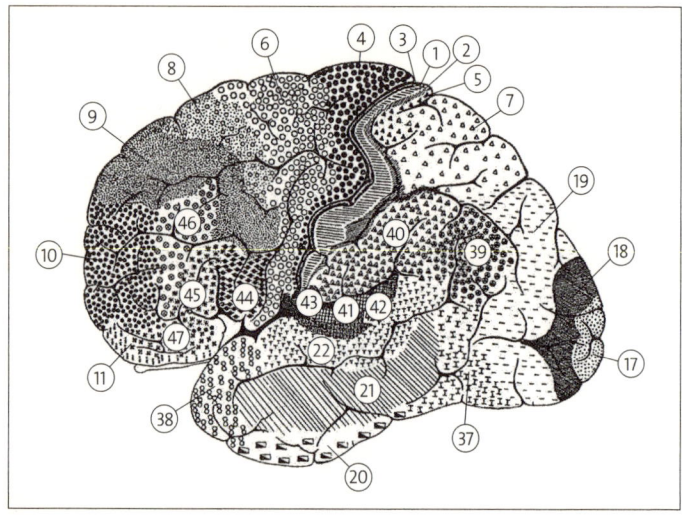

Abb. 21: Histologische Karte unterscheidbarer Hirnareale der linken Hemisphäre des Menschen nach Brodmann.

und 45 fehlen, die beim Menschen das Broca-Zentrum darstellen, welchem eine tragende Rolle für die Verarbeitung syntaktischer Strukturen zukommt.

Außerdem weiß man, dass Läsionen in diesem Bereich des Frontallappens beim Menschenaffen keine Lautgebungsstörungen hervorrufen, wie dies beim Menschen der Fall ist. Das Broca-Areal könnte also den anatomischen Unterschied zwischen Mensch und Affe ausmachen, der für die unterschiedliche Sprachfähigkeit verantwortlich ist. Da beim Menschen das Broca-Areal für die Verarbeitung syntaktischer Information zuständig ist, die der Affe nicht verarbeiten kann, würde diese Interpretation gut zu den Verhaltensdaten passen. Hinzu kommt, dass dieser Bereich des Frontallappens im Laufe der Ontogenese sehr spät ausreift. Da Ontogenese und Phylogenese in der Regel parallel verlaufen, ist diese späte Ausreifung ein weiterer

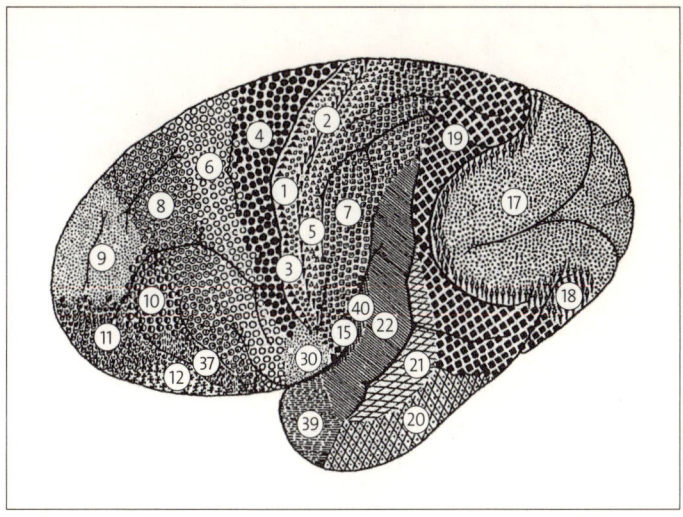

Abb. 22: Histologische Karte unterscheidbarer Hirnareale des Menschenaffen nach Mauss.

Hinweis darauf, dass es sich beim Broca-Areal um ein Gebiet handelt, das in der Evolution erst spät entstanden ist. Betrachtet man nicht die neuronale Reife während der Ontogenese, sondern das Sprachvermögen von Kindern, so fällt auf, dass sie zunächst Ein- und Zwei-Wort-Sätze artikulieren. Diese Sätze enthalten bereits Semantik und ähneln damit den Lautäußerungen von Affen. Eine Syntax fehlt solchen Sätzen allerdings. Erst später lernen Kinder, grammatikalische Regeln anzuwenden, was dazu passen würde, dass sich das dafür notwendige Broca-Areal nicht nur in der Phylogenese, sondern auch in der Ontogenese spät entwickelt hat.

Eine prominente Hypothese zu den evolutionären Vorläufern des menschlichen Broca-Areals besagt, dass sich dieses aus dem unteren Anteil des prämotorischen Cortex der Primaten entwickelt hat. Wie Abbildung 23 zeigt, wird diese Region beim Primaten auch als Area

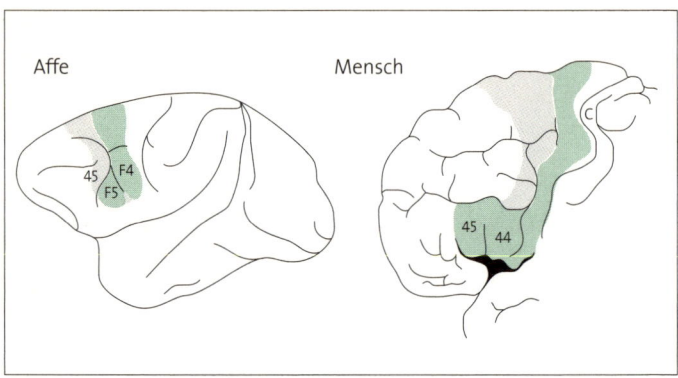

Abb. 23: Potenzielle Homologie zwischen dem menschlichen Broca-Areal (Brodmann-Areale 44 und 45) und der Region F5 beim Affen. Zellarchitektonische Untersuchungen legen nahe, dass F5 ein evolutionärer Vorläufer des Broca-Areals sein könnte.

F5 bezeichnet. Sie wird nach posterior begrenzt vom unteren Ende des Sulcus präcentralis, einer Landmarke, die bei beiden Spezies zu finden ist. Nach vorne ist F5 beim Affen durch den Sulcus arcuatus begrenzt, während das Broca-Areal beim Menschen eine Begrenzung durch den Sulcus frontalis inferior findet.

Die Annahme einer Homologie von F5 und BA 44 basiert vor allem auf neuroanatomischen Überlegungen, da gezeigt werden kann, dass die Anatomie innerhalb der Zellschichten des Broca-Areals sehr ähnlich den prämotorischen Regionen ist, und somit auch eine hohe Ähnlichkeit mit dem Areal F5 beim Affen aufweist. Gleichzeitig teilen sich BA 44 und F5 ihre hintere Begrenzung durch den Sulcus präcentralis. Die theoretische Bedeutsamkeit der Annahme einer Homologie zwischen F5 und BA 44 wird weiter unten erläutert, im Zusammenhang mit den evolutionären Vorläufern der symbolischen Kommunikation beim Menschen. Es ist jedoch darauf hinzuweisen, dass die Debatte um die F5-Broca-Homologie noch lange nicht beendet ist und dass einige prominente Wissenschaftler die hier dargelegte Annahme für nicht haltbar erachten.

Auch die sprachrelevanten Areale des temporo-parietalen Übergangs, der Gyrus angularis und der Gyrus supramarginalis, sind beim Affen nicht in Form eigener Brodmann-Areale differenzierbar und reifen während der Ontogenese beim Menschen ebenfalls spät aus. Daher könnte auch hier ein Unterschied zwischen Mensch und Affe zu finden sein. Diese Region ist beim Menschen dafür verantwortlich, dass Information über wahrgenommene Schriftsprache oder Symbole aus dem visuellen Cortex mit der lautsprachlichen Information aus dem auditorischen Cortex integriert wird. Es wäre also plausibel anzunehmen, dass gerade diese Integration visueller und auditorischer Information beim Affen, der hauptsächlich durch Laute kommuniziert, deutlich weniger ausgeprägt ist und einen wichtigen evolutionären Unterschied zum Menschen ausmacht, der auch in Form der Schriftsprache kommuniziert. Zur Entstehung einer Schriftsprache ist neben einem sehr fein arbeitenden motorischen Cortex auch ein komplexer visueller Cortex nötig, der Buchstaben (Grapheme) zu erkennen und zu bedeutungstragenden visuellen Worten (Morphemen) zusammenzusetzen erlaubt. Beides kann beim Affen in Frage gestellt werden.

Es reicht jedoch nicht aus zu fragen, welche hirnanatomischen Entwicklungen der Ausbildung der menschlichen Sprache zu Grunde liegen. Genauso wichtig ist die Frage, aus welchen älteren Kommunikationssystemen sich die menschliche Sprache entwickelt hat. Die klassische Annahme ist hier, dass im Laufe der Evolution die Komplexität der vokalen Kommunikation immer weiter zunahm, bis sie die Ausdifferenzierung der heutigen Sprache erreicht hat. Dies ist hoch plausibel, da die vokale Kommunikation auch bei anderen Menschenaffen angelegt ist. Wie schon oben erwähnt, dient sie der Kommunikation über längere Distanzen und kann helfen, Gefahren oder Nahrungsquellen anzuzeigen.

Eine radikal andere Hypothese wurde vor einigen Jahren vorgelegt. Diese besagt, dass die Ausdifferenzierung der heutigen Sprache durch die Entstehung eines Systems zur gestischen Kommunikation unterstützt wurde. Entscheidend für die Etablierung dieser Hypothese war die Entdeckung eines Systems so genannter Spiegelneurone (mirror neurons) im prämotorischen Cortex des Affen. Die klassische Annahme zur Steuerung von Bewegungen geht natürlich davon aus, dass motorische und prämotorische Neuronen nur bei der Ausführung von Bewegungen und Handlungen Aktivität zeigen. Abbildung 24 zeigt diesen Fall am Beispiel eines Affen, der nach einer Erdnuss greift. Wie man sieht, feuert das gemessene Neuron auch bei der Beobachtung der entsprechenden Handlung, wenn diese durch den Experimentator durchgeführt wird. Ein klassisches motorisches Neuron in der gleichen Hirnregion zeigt dieses erstaunliche und unerwartete Verhalten nicht.

Diese Demonstration zeigt, dass es Neurone im Gehirn gibt, die nicht nur Bewegungen kodieren, sondern auch Handlungen oder Handlungsziele. Es wird angenommen, dass derartige Spiegelneurone, die sowohl beim Handelnden als auch beim Wahrnehmenden aktiviert werden, eine tragende Rolle für das Verständnis von Handlungen anderer haben. Basierend auf diesen Schlussfolgerungen wurde darüber hinaus auch spekuliert, dass die Entstehung dieses Spiegelsystems es auch ermöglichte, die Intentionen anderer aus deren Gesten zu erschließen. Solch ein gestisches Kommunikationssystem könnte verwendet worden sein, um Wissen zwischen Artgenossen zu teilen, beispielsweise über den Gebrauch von Werkzeugen. Da es auf Dauer natürlich recht beschwerlich ist, immer die Hände frei zu machen, bevor man jemand anderem etwas mitteilen kann, wurde, laut diesem Modell der Sprachevolution, im Laufe der Evolution der vorhandene Vokalisationsapparat mit dem entstandenen System der gestischen Kommunikation fusioniert; der evolutionäre Vorteil der Hand-freien Kommunikation hat demnach dazu

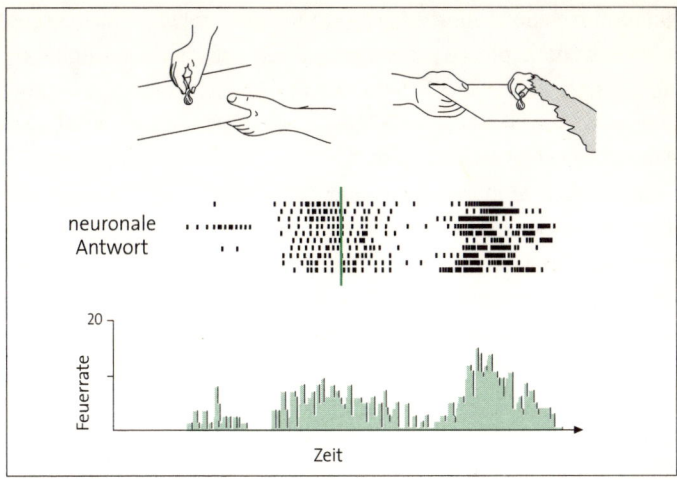

Abb. 24: Spiegelneuron und die Handlung, durch die es zu Aktivität angeregt wird. Im unteren Teil des Bildes sieht man, dass die gemessene Nervenzelle sowohl feuert, wenn der Affe selber nach einer Erdnuss greift, als auch wenn der Experimentator dies tut. Die Diagramme stellen die Anzahl der Aktionspotentiale des Neurons, relativ zum beobachteten Ereignis, dar.

geführt, dass früher oder später die gestische Kommunikation in den Hintergrund trat und die vokale Sprache die Hauptlast der Kommunikation übernahm.

Obwohl dieses zweite Modell zur Evolution der Sprache sehr anschaulich ist, hat es einen spekulativen Charakter. Bisher sind keine handfesten Daten verfügbar, um zwischen den beiden geschilderten Modellen zu den Vorläufern der heutigen Kommunikation zu unterscheiden.

6.2 Sprachgene

Oft wird die Frage gestellt, ob Sprache angeboren oder erlernt sei. Keines von beidem ist ganz richtig. Sprechen muss zwar von kleinen

Kindern nach der Geburt erst erlernt werden, trotzdem fängt jedes Kind, das unter sprechenden Erwachsenen aufwächst, zwanglos an zu plappern und erlernt mühelos seine Muttersprache. Sprache – oder zumindest die Möglichkeit, Sprache zu erlernen – scheint also eine vererbte Eigenschaft zu sein.

Der Mensch kann mit einem endlichen Wortschatz durch die Aneinanderreihung der Worte im Prinzip unendlich viele Sätze generieren. Fast jeder Satz, den ein Mensch sagt oder schreibt, ist eine komplett neue Kombination von Wörtern, die so noch nie dagewesen ist. Sprache ist daher keine endliche Menge von erlernten Sätzen, die jeweils für bestimmte Zwecke eingesetzt werden. Vielmehr bedeutet die Sprachfähigkeit, dass nach einem System von Regeln – der Syntax – aus einem endlichen Wortschatz immer neue Sätze generiert werden können. Ein Kind erlernt jede beliebige Sprache gleich gut. Die erlernte Sprache muss nicht notwendigerweise die Muttersprache der Eltern sein. Ziehen beispielsweise Eltern, die nur ihre eigene Muttersprache beherrschen, mit ihrem Kind ins Ausland, so erlernt das Kind mühelos die fremde Sprache. Noam Chomsky, einer der bekanntesten Linguisten dieser Zeit, schloss aus diesen Tatsachen, dass Kinder bereits ab ihrer Geburt über das Regelwerk verfügen müssen, nach dem alle Sprachen verstanden und produziert werden. Er nannte dieses Regelwerk Universalgrammatik und zeigte, dass sich bestimmte Universalien in den Regeln der Grammatik über Sprachgrenzen hinweg finden lassen. Wenn Kinder mit einer solchen Universalgrammatik geboren würden, müsste diese Grammatik genetisch codiert sein.

Die zutreffendste Behauptung ist wohl, dass die Möglichkeit, Sprache zu erlernen, vererbt wird, während die Fähigkeit, tatsächlich Sprache zu verwenden, erlernt werden muss. Dies gilt für andere Fähigkeiten in der gleichen Weise. Babies kommen mit der Fähigkeit zu sehen auf die Welt, müssen aber erst lernen, bestimmte Objekte zu erkennen und zu unterscheiden. Das Gehirn ist ein hochgradig anpassungsfähiges System, das sich nach der Geburt an seine Umwelt anpassen kann. Lediglich die prinzipiellen Möglichkeiten werden vererbt, wie etwa die Fähigkeit, grammatikalische Regeln zu erlernen. Welche Grammatik aber erlernt wird, entscheidet sich erst nach der Geburt anhand der sprachlichen Umwelt, in der Kinder aufwachsen.

Schon Darwin postulierte, dass sich menschliche Eigenschaften aus den Eigenschaften tierischer Vorfahren durch selektiven Druck in der Evolution ergaben. Mendel konnte zeigen, wie solche Eigenschaften vererbt werden, und wir wissen heute, dass die DNA der Träger unserer Erbinformation ist. Niemand würde heute noch bestreiten, dass Haarfarbe oder Körpergröße genetisch codiert sind. Im Prinzip müssen also alle Eigenschaften, die vererbt werden, auch genetisch codiert sein. Das schließt die Fähigkeit ein, Sprache zu verarbeiten, weswegen Forscher seit vielen Jahren intensiv nach möglichen Sprachgenen suchen. Die Untersuchung von Patienten mit Sprachstörungen hat auch hier zu einem Erfolg geführt. Untersucht wurden beispielsweise Patienten mit einer Lese- und Rechtschreibschwäche (**Dyslexie**). Es handelt sich bei diesem Krankheitsbild mit einer Auftretenswahrscheinlichkeit von 10–15% aller Kinder um eine sehr häufige Störung. Bei den Patienten werden meist neben der Lese- und Rechtschreibschwäche auch Probleme mit der auditorischen Wahrnehmung schnell veränderlicher Phoneme und mit der Wahrnehmung symmetrischer visueller Muster (»d« versus »b« bzw. »ROT« versus »TOR«) beschrieben. Deswegen geht man davon aus, dass die Ursache der Krankheit bereits in der Sprachwahrnehmung liegt und sich dann in der Sprachproduktion manifestiert.

S. 103

Dyslexie tritt familiär gehäuft auf, was auf eine Vererbung der Krankheit hindeutet. Es könnte sich allerdings auch um Umweltfaktoren wie die Erziehung handeln, die für alle betroffenen Familienmitglieder gleich ausfallen. Den besten Hinweis auf die Erblichkeit einer Krankheit geben daher Zwillingsstudien. Eineiige Zwillinge besitzen quasi identische Genome, während die Genome zweieiiger Zwillinge sich nur so sehr ähneln wie bei anderen Geschwisterpaaren. Bei Zwillingsstudien zur Dyslexie an mehr als 100 Zwillingspaaren zeigte sich, dass bei eineiigen Zwillingen signifikant häufiger beide Zwillinge betroffen waren als bei zweieiigen Zwillingen. Dieser Befund belegt einen erblichen Anteil der Krankheit.

Um herauszufinden, welches Gen für eine Krankheit verantwortlich ist, kommt die so genannte Linkage-Analyse in Frage. Dabei wird das Auftreten der Krankheitssymptome mit dem Auftreten anderer vererbter Merkmale verglichen, deren Gene bekannt sind. Tritt bei einer großen Anzahl untersuchter Familienmitglieder das bekannte Merkmal stets zusammen mit den Krankheitssymptomen auf, so liegt das Gen für die Krankheit höchst wahrscheinlich in der direkten Nähe des Gens für das bekannte Merkmal auf der DNA. Natürlich werden komplexe Krankheiten, wie die Dyslexie, oft nicht durch ein einziges Gen vererbt, sondern vermutlich durch das Zusammenwirken mehrerer Gene. Diese Tatsache erschwert die Analyse der zu Grunde liegenden genetischen Mechanismen der untersuchten Krankheiten.

Mit Hilfe der Linkage-Analyse wurden nach und nach in mehreren Studien zwei sprachrelevante Genorte immer genauer bestimmt. Der Mensch besitzt 23 nach ihrer Größe durchnummerierte Chromosomenpaare, die jeweils aus einem kurzen p-Arm und einem langen q-Arm bestehen und in mehrere farblich erkennbare Banden unterteilt sind. Der erste Genort, der mit Dyslexie in Verbindung gebracht wurde, liegt im Bereich der 21. Bande des längeren Arms des 15. Chromosoms und wird daher als 15q21 bezeichnet. Da es sich um das erste Dyslexie-Gen handelte, wurde es Dyx1 getauft. Mindestens ein weiteres Gen ist für das Auftreten der Krankheit verantwortlich. Dabei handelt es sich um Dyx2, welches den Genort 6p21 belegt. Eine gute Bestätigung, dass es sich bei den gefundenen Genen um solche handelt, die am Zustandekommen des Krankheitsbildes der

Lese-Rechtschreib-Schwäche beteiligt sind, ergibt sich aus der Tatsache, dass Dyx1 eher zu einer Störung des phonologischen Bewusstseins und Dyx2 eher zu einer Störung der Lesefähigkeit führt.

In den vergangenen Jahren wurde ein weiteres Gen gefunden, das zu einer spezifischen Sprachentwicklungsstörung (s. S. 45) führt, wenn es mutiert auftritt. Es handelt sich um das Gen FoxP2 auf dem Genlokus 7q31. Im Gegensatz zur Dyslexie handelt es sich bei der hier beobachteten Sprachstörung um eine monogenetische Vererbung, die zudem autosomal dominant erfolgt, was bedeutet, dass jedes Individuum mit mindestens einem mutierten Gen auch das Krankheitsbild erbt. Die Krankheit äußert sich in erster Linie durch eine Schwierigkeit bei der Kontrolle komplexer Gesichts- und Mundbewegungen. Zusätzlich treten aber auch Probleme beim Verständnis komplexer syntaktischer Strukturen, bei der Unterscheidung von Worten und Nicht-Worten, beim Lesen und beim Manipulieren von Phonemen auf. Diese Befunde zeigen, dass es sich nicht nur um eine Störung der Sprechmotorik, sondern um eine generellere Störung der Sprache handelt. Aufgetreten ist die Krankheit in der so genannten KE-Familie in England, bei der 15 betroffene Individuen aus 3 Generationen untersucht wurden. Dadurch konnte das Gen lokalisiert werden, von dem man inzwischen alle Details kennt.

Interessanterweise findet man das FoxP2-Gen auch bei Affen und selbst bei der Maus. Es treten aber Unterschiede in der genauen Codierung des Gens zwischen den Spezies auf. Ein Gen ist auf der DNA durch eine Aneinanderreihung von Codons verschlüsselt. Jedes solche Codon besteht aus drei Basen. Da aber jede einzelne Base des FoxP2-Gens inzwischen bekannt ist, konnte das Gen zwischen den verschiedenen Spezies verglichen werden. Es zeigte sich, dass das Gen bei den anderen Spezies in einer leicht veränderten Form vorkommt. Dies ist ein weiteres Indiz dafür, dass sich Sprache im Laufe der Evolution aus Eigenschaften unserer Vorfahren herausgebildet hat. Deswegen wäre es wahrscheinlich treffender zu sagen, dass das

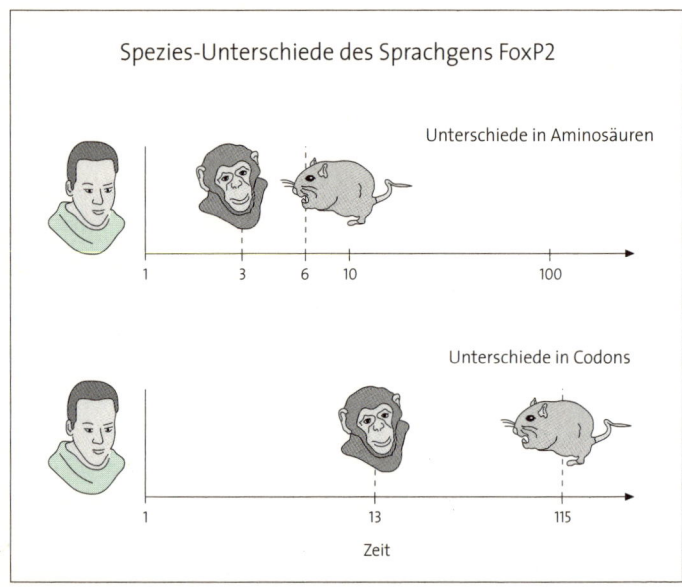

Abb. 25: Unterschied des Gens FoxP2 zwischen Menschen, Schimpansen (3 Aminosäuren bzw. 13 Codons) und der Maus (6 Aminosäuren bzw. 115 Codons).

FoxP2-Gen bei uns Menschen in einer leicht veränderten (mutierten)
Version vorkommt und für die Heranbildung unseres Sprachverhal-
tens mit verantwortlich ist (vgl. Abbildung 25).

6.3 Geschlechtsunterschiede

Eine weit verbreitete Annahme ist diejenige, dass Frauen besser mit
Sprache umgehen können als Männer. Dies wäre ein weiterer Beleg
für die genetische Determiniertheit von Sprachfähigkeit. Tatsächlich
finden sich wissenschaftliche Belege für diese Annahme. Ausführ-
liche psychologische Tests haben gezeigt, dass Frauen bei Aufgaben
zur Sprachflüssigkeit, zum verbalen Gedächtnis, zur Artikulationsge-

schwindigkeit und zur Verwendung der Grammatik den Männern überlegen sind. Auch die bei Kindern häufig zu beobachtende **Dyslexie** tritt bei Jungen häufiger auf als bei Mädchen. Männer haben im Gegensatz dazu Vorteile bei räumlichen Aufgaben und bei der Orientierung. Diese Zweiteilung zwischen den Fähigkeiten der Geschlechter erinnert an die **Lateralisierung** der beiden Hemisphären: Die linke Hirnhälfte ist dominant für sprachliche, während die rechte für räumliche Verarbeitung dominant ist. Haben Frauen und Männer demnach unterschiedliche Gehirne? Diese Frage hat viele Wissenschaftler jahrelang beschäftigt. In der Tat fanden sich neuroanatomische Unterschiede zwischen den beiden Geschlechtern. Vergleicht man die sprachrelevanten Regionen des Planum temporale und Broca-Areals zwischen der linken und rechten Hemisphäre, so stellt sich heraus, dass beide Regionen in der Regel links größer als rechts ausfallen. Differenziert man bei der Untersuchung des Planum temporale zusätzlich nach Männern und Frauen, so zeigt sich, dass die Lateralisierung bei Männern weitaus auffälliger ist als bei Frauen. Da man annimmt, dass die Größe des linken Planum temporale die Sprachdominanz der linken Hemisphäre mit bedingt, müssten Frauen Sprache demnach eher beidseitig verarbeiten. Diese Vorstellung widerspricht jedoch auf den ersten Blick den Untersuchungen an hirngeschädigten Patienten. Es hat sich aber im Nachhinein herausgestellt, dass die meisten der untersuchten Patienten Männer mit Kriegsverletzungen oder aus Militärkrankenhäusern waren. Eine neuere Untersuchung, welche systematisch Geschlechtsunterschiede untersuchte, konnte zeigen, dass Aphasien infolge linkshemisphärischer Hirnläsionen bei Männern dreimal so häufig auftraten wie bei Frauen.

Anatomische Untersuchungen der Gehirne von Frauen und Männern konnten außerdem zeigen, dass der die Hemisphären verbindende Balken (Corpus callosum) bei Frauen anders geformt ist und ein Teil davon größer ist als bei Männern. Dieser Befund passt gut zu

S. 103

S. 107

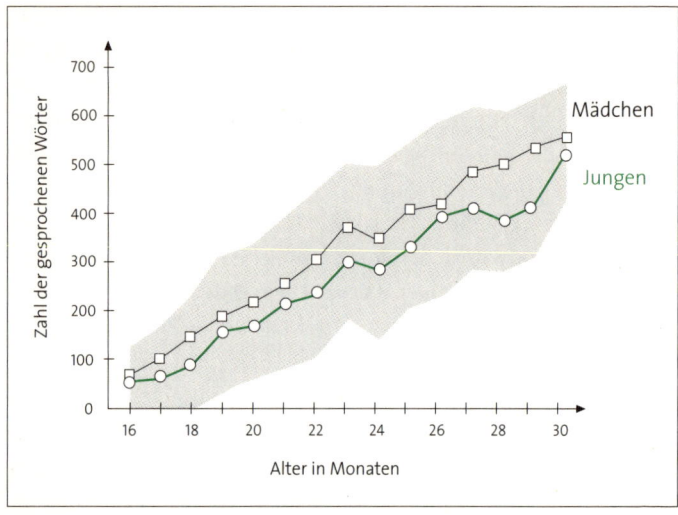

Abb. 26: Unterschied in der Sprachentwicklung zwischen Mädchen und Jungen. Der aktive Wortschatz ist bei Mädchen größer als bei Jungen, obwohl sich beide Mittelwerte im altersgerechten Normbereich (grau) befinden.

den bei Frauen mehr beidseitig angelegten Sprachregionen, da das größere Corpus callosum eine wichtigere Rolle bei der Integration der Ergebnisse der Sprachverarbeitung der beiden Hemisphären spielen könnte.

Auch in Sprachstudien, in denen bildgebende Verfahren verwendet werden, um sprachrelevante Hirnareale sichtbar zu machen, zeigt sich ein Geschlechtsunterschied. Ähnlich wie bei den anatomischen Untersuchungen werden bei Frauen eher beide Hemisphären von Sprachaufgaben aktiviert, während bei Männern eine stärkere Lateralisierung zur linken Seite auftritt.

Auch bei der Sprachentwicklung treten Unterschiede zwischen Jungen und Mädchen auf, die den meisten Eltern wohl bekannt sind (siehe Abbildung 26). Bereits weibliche Föten bewegen in der Gebärmutter ihren Mund häufiger als männliche. Im Durchschnitt fangen

Mädchen etwa zwei Monate früher an zu sprechen als Jungen, obwohl jeder einzelne Junge durchaus früher anfangen kann als ein einzelnes Mädchen. Sowohl das Broca-Areal als auch das Wernicke-Areal fallen bei Frauen größer aus als bei Männern und im Letzteren kann man bei Frauen eine höhere Neuronendichte und längere Zellfortsätze (Dendriten) finden.

7. ENTWICKLUNG DER SPRACHE

Obwohl die Fähigkeit zu sprechen angeboren ist, muss das Kind seine Muttersprache erlernen. Kein Kind kommt zur Welt und kann bereits fließend sprechen. Das Gehirn (oder: die Sprachfähigkeit) ermöglicht also das Erlernen von Sprache, ohne dass ein bestimmtes Sprachsystem bereits genetisch vorprogrammiert ist. Andererseits weiß man aber auch, dass Kinder nicht von allein lernen zu sprechen, wenn sie im frühen Kindesalter nicht mit Sprache konfrontiert werden, etwa weil sie ohne den Kontakt zu anderen Menschen aufwachsen (so genannte Kaspar-Hauser-Kinder). Den dadurch erlittenen Entwicklungsrückstand können sie meist nicht mehr aufholen und können das Sprechen nicht mehr vollständig erlernen. Diese Erkenntnis demonstriert, dass die genetische Bereitschaft zum Spracherwerb nicht zeitlich unbegrenzt ist. Demzufolge scheint es also eine kritische Periode zu geben, während der das menschliche Gehirn am empfänglichsten für das Erlernen von Sprache ist.

Der Vorgang des Spracherwerbs setzt zunächst voraus, dass Babys Sprache wahrnehmen können, die sie anschließend nachmachen. Bereits im Mutterleib sind Föten ab ungefähr dem 6. Schwangerschaftsmonat in der Lage, Laute wahrzunehmen. Für derartige Untersuchungen wird die Herzschlagfrequenz der Föten in Abhängigkeit präsentierter Laute registriert. Bereits ab dem 8. Schwangerschaftsmonat können Föten verschiedene Laute unterscheiden. Sprachlich relevante Silben, wie »ba« und »pa« – die sich lediglich durch einzelne Phoneme unterscheiden – können von Babys schon in den ersten Wochen nach der Geburt differenziert werden. Wenn man den Neugeborenen stets ein und dieselbe Silbe vorspielt und gleichzeitig ihre Saugfrequenz an einer Babyflasche aufzeichnet, kann man messen, wie sich diese mit der Zeit verlangsamt. Die verlangsamte Saugfrequenz spiegelt hierbei die zunehmende Gewöhnung an diese Silbe wider. Spielt man den Babys jedoch plötzlich eine andere Silbe vor, beschleunigt sich ihre Saugfrequenz wieder. Der neue Reiz ist interessanter als der andere Reiz, der die ganze Zeit wiederholt wurde. Diese Befunde belegen, dass Babys bereits nach wenigen Wochen einige bedeutende Informationen aus dem Sprachsignal heraushören können. Neuere Studien zeigen, dass sich Neugeborene hierbei weitgehend auf die gleichen Hirnareale verlassen wie Erwachsene.

Während Kinder nach der Geburt eine sehr große Anzahl von Phonemen unterscheiden können – wie man beispielsweise mit den soeben beschriebenen Testverfahren feststellen kann –, entwickeln sie beim Erlernen ihrer Sprache eine Präferenz für Laute der eigenen Sprache. Paradoxerweise verlieren sie hierdurch auch einen Teil der ursprünglich vorhandenen Differenzierungsfähigkeit. Japanische Säuglinge können beispielsweise sehr wohl zwischen »l« und »r« unterscheiden, obwohl sie dies bis zum Alter von zwölf Monaten bereits verlernt haben werden.

Im Alter von etwa sechs Monaten fangen Kinder an, in Silben zu plappern. Dieses Stadium der Sprachentwicklung wird als die Lallphase bezeichnet. Im selben Alter können Kinder bereits Satzgrenzen erkennen, indem sie auf rhythmische und prosodische Merkmale wie Pausen und Betonungen achten. Dies ist keineswegs selbstverständlich, da Sprechpausen innerhalb von Sätzen oft länger als zwischen Sätzen sein können. Ab einem Alter von ca. acht Monaten können Kinder dann auch Wortgrenzen identifizieren, was beispielsweise computerisierten Spracherkennungssystemen große Schwierigkeiten bereitet. Nun kann das Kind einzelne Phoneme zu bedeutungtragenden Worten (Morphemen) zusammensetzen. Erst jetzt, nachdem sowohl Silben differenziert als auch einzelne Worte identifiziert werden können, kann das Kind Worte erlernen, d. h. den wahrgenommenen Morphemen eine Bedeutung (Semantik) zuordnen. Mit etwa zehn Monaten kennt das Kind ca. 60 Wörter, ohne sie jedoch schon aussprechen zu können – man spricht vom rezeptiven oder passiven Wortschatz des Kindes.

Obwohl bei allen genannten Altersangaben interindividuelle Unterschiede auftreten, fangen die meisten Kinder mit etwa einem Jahr an, die ersten Wörter selbst zu produzieren. Sie kommen von der Lall- in die Ein-Wort-Phase. Als Nächstes erlernen die Kleinen, die Zusammenhänge einzelner Wörter richtig zu interpretieren. Mit Hilfe der Blickpräferenzmethode wurde gezeigt, dass Kinder mit ungefähr 1 1/2 Jahren unterscheiden können, ob Kermit das Krümelmonster wäscht oder umgekehrt. Das sind die ersten Zeichen dafür, dass Kinder anfangen, auch die Syntax ihrer Muttersprache zu verstehen. Dabei werden den Kindern Sätze vorgelesen und jeweils die richtige Szene (Kermit wäscht das Krümelmonster) und eine falsche Szene (das Krümelmonster wäscht Kermit) auf zwei Monitoren gezeigt. In einem solchen experimentellen Aufbau kann nun gemessen werden, wie lange welcher Monitor fixiert wird. In diesem Alter haben Kinder darüber hinaus einen aktiven Wortschatz von 30 bis 60 Wörtern, welche sie selber äußern können. Hierbei handelt es sich meist um einfache Substantive, Adjektive und Verben. Mit ungefähr zwei Jahren werden die ersten Zwei-Wort-Sätze gebildet und der Wortschatz nimmt täglich zu. Im Alter von etwa drei Jahren besitzen die Kleinen einen Wortschatz von ca. 1000 Wörtern und können vollständige Sätze bilden.

Der geschilderte Prozess der Sprachentwicklung läuft ab, ohne dass er den Kindern große Mühe bereiten würde oder sie explizit die syntaktischen Regeln der Sprache erlernen müssten. Vielmehr werden diese Regeln implizit erworben, indem die Kinder unbewusst registrieren, welche Konstruktionen in der Sprache auftauchen und welche nicht.

8. ZWEI SPRACHEN IN EINEM GEHIRN

Das Erlernen von Sprache ist nicht nur eine Entwicklungsaufgabe für Kinder. Auch nachdem sie bereits ein hohes Niveau in ihrer Muttersprache erreicht haben, lernen Jugendliche und Erwachsene oft neue Sprachen. Das Lernen von Fremdsprachen stellt eine nicht zu unterschätzende Anforderung an das kognitive System dar. Es ist davon auszugehen, dass die Aneignung von phonologischem, lexikalischem und syntaktischem Wissen über eine neue Sprache nicht völlig unabhängig von der etablierten Muttersprache stattfindet. Für die Neurowissenschaften ist es daher eine hochinteressante Herausforderung zu untersuchen, wie Zweit- und Drittsprachen im Gehirn organisiert sind, insbesondere im Vergleich zur Muttersprache.

In der klinischen Literatur werden Fälle von neurologisch bedingten Sprachstörungen bei Bilingualen berichtet, welche selektiv entweder die Muttersprache oder die Zweitsprache betreffen können. So wurden seltene Fälle beschrieben, bei denen eine Hirnschädigung die Muttersprache eines Menschen auslöschte, die Zweitsprache aber von dieser Aphasie nicht betroffen war. Solche Befunde führten zu der Annahme, dass Erst- und Zweitsprache nicht als ein einheitliches System im Gehirn repräsentiert sind, sondern auf – zumindest teilweise – unterschiedlichen Netzwerken im Gehirn basieren.

Erste experimentelle Studien mit funktionell-bildgebenden Methoden unterstützten diese Annahme. Eine der bahnbrechenden Arbeiten in diesem Feld untersuchte Individuen, die ihre Zweitsprache entweder früh in ihrer Kindheit oder deutlich später (im frühen Erwachsenenalter) erlernt hatten. Während der funktionellen Studie im MR-Tomographen mussten die Probanden eine Sprachproduktionsaufgabe ausführen. Ihre Aufgabe war es, sich im Geiste zu erzählen, was sie am vorhergehenden Tag erlebt hatten. Die Ergebnisse zeigten, dass sich im Bereich des Broca-Areals eine spät erlernte Zweitsprache von der Muttersprache in ihrer Hirnrepräsentation unterschied (Abbildung 27), während bei Probanden, die ihre Zweitsprache schon während der Kindheit erlernten, vergleichbare Hirnregionen bei der Sprachproduktion verwendet wurden (Abbildung 28). Interessanterweise zeigte sich in den posterioren Sprachregionen in der Umgebung des Wernicke-Areals keine vergleichbare Differenzierung. Beide Gruppen zeigten hier überlappende Aktivierungen für die Erst- und Zweitsprache.

In der Folge der oben beschriebenen Studie wurde eine Reihe von weiteren Arbeiten zur Sprachproduktion bei Bilingualen publiziert, die die Ergebnisse der ersten Studie jedoch nicht stützen konnten. In den meisten dieser Studien wurden keine Unterschiede in der Sprachorganisation zwischen Erst- und Zweitsprache beobachtet. Aktuell geht man daher davon aus, dass das Erwerbsalter oder die in der Zweitsprache erreichte Kompetenz die Organisation der Sprachnetzwerke, welche für Produktionsaufgaben in der Zweitsprache aktiviert werden, nicht beeinflussen. Andererseits hat sich aber doch gezeigt, dass bei der Wahrnehmung von Sprache Unterschiede in der Rekrutierung von Spracharealen zwischen Erst- und Zweitsprache beobachtbar sind. Bei der Sprachverarbeitung in der Zweitsprache zeigte sich häufig eine Aktivierung in ausgedehnteren oder weiter verteilten Hirnregionen als in der Muttersprache. Dieser Befund könnte folgendermaßen erklärt werden: Sprachverstehen ist ein sehr komplexer Prozess, bei dem innerhalb weniger hundert Millisekunden eine sehr große Menge von Information verarbeitet werden muss, welche zudem teilweise unter suboptimalen Bedingungen aufgenommen wird. Gerade diese zeitliche Beschränkung könnte für Nicht-Muttersprachler problematisch sein. Probleme könnten hier

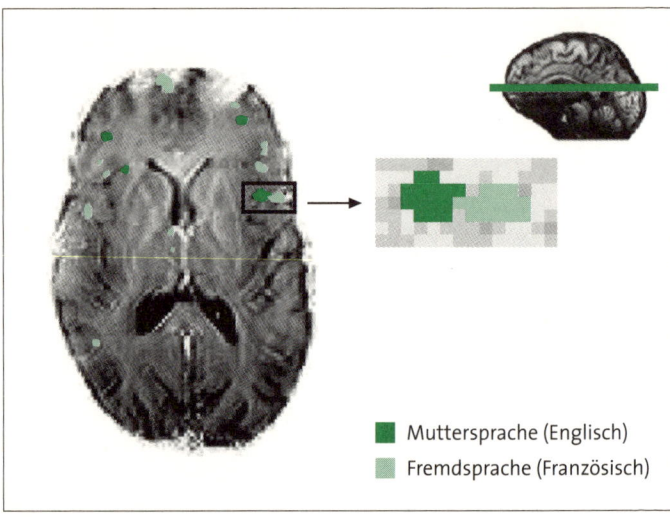

Abb. 27: Getrennte Sprachrepräsentation der Muttersprache (dunkelgrün) und einer *spät* erlernten Zweitsprache (hellgrün) in einer Sprachproduktionsaufgabe.

bei der ersten Dekodierung oder Segmentierung des Sprachsignals aus der akustischen Umgebung entstehen, aber auch beispielsweise bei der Worterkennung. Um diese erhöhten Anforderungen in der Zweitsprache ausgleichen zu können, müssen Bilinguale offensichtlich mehr neuronale Ressourcen aktivieren. Es könnte jedoch auch der Fall sein, dass zusätzliche Systeme verwendet werden, auf die Muttersprachler bei der normalen Sprachverarbeitung weitgehend verzichten können. So könnte es sein, dass Nicht-Muttersprachler zur Sicherheit eine Art ›Kopie‹ des Gehörten in einem Kurzzeitspeicher vorrätig halten für den Fall, dass sie das Gehörte reanalysieren müssen.

Die zitierten Befunde scheinen im Großen und Ganzen kompatibel mit Annahmen über die Existenz so genannter kritischer Phasen, innerhalb derer Spracherwerb bevorzugt möglich ist. Allerdings wird heutzutage in der Literatur ein etwas differenzierteres Bild gezeich-

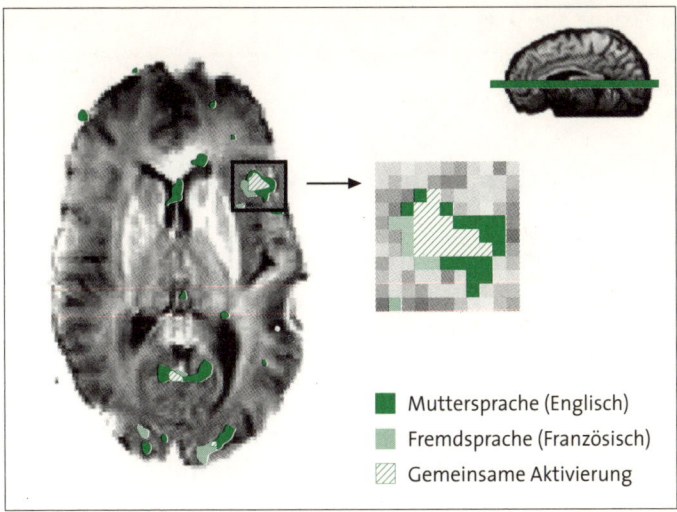

Abb. 28: Überlappende Sprachrepräsentation der Muttersprache (dunkelgrün) und einer *früh* erlernten Zweitsprache (hellgrün) in einer Sprachproduktionsaufgabe.

net: Die Organisation einer Zweitsprache im Gehirn, relativ zur Muttersprache, ist vermutlich weniger abhängig vom Erwerbsalter der Zweitsprache, sondern wird mehr vom Kompetenzniveau, welches in der Zweitsprache erreicht wurde, bestimmt. Individuen, die eine Zweitsprache nur mäßig beherrschen, zeigen deutliche Unterschiede in den Hirnaktivierungsmustern zwischen der Erst- und Zweitsprache – jedoch nur bei der Sprachwahrnehmung und nicht bei der Sprachproduktion. Im Gegensatz dazu ähneln sich die Aktivitätsmuster von Erst- und Zweitsprache sehr stark, wenn Probanden untersucht werden, die einen sehr hohen Kompetenzgrad in ihrer Zweitsprache erreicht haben. Dies ist auch der Fall, wenn diese sehr guten Probanden ihre Zweitsprache sehr spät erlernt haben. Genauso ähneln sich die Aktivitätsmuster unabhängig von der erlangten Sprachkompetenz, wenn die Sprachproduktion im Fokus steht. Diese Befunde legen nahe, dass mit steigender Kompetenz in der Zweitsprache mehr und mehr die gleichen Sprachnetzwerke des Gehirns verwendet werden wie für die Muttersprache.

9. GEBÄRDENSPRACHE

Die bisher berichteten Forschungsergebnisse zur Repräsentation von Sprache im Gehirn unterstützen die Annahme einer Dominanz der linken Hirnhemisphäre für Sprache. Etwas komplexer scheint die cortikale Organisation der Sprache bei tauben Menschen zu sein, deren Kommunikationsmittel die Gebärdensprache ist. Gebärdensprachen (es existieren eine Reihe von unterschiedlichen Sprachsystemen) sind eigenständige Sprachsysteme, die in ihrer Komplexität vergleichbar sind mit den gesprochenen Sprachen. Sie besitzen eine vergleichbar umfangreiche Anzahl von Symbolen und eine Grammatik, die die Kombination der verschiedenen Arten von Symbolen regelt. Anders als gesprochene Sprachen werden Gebärdensprachen jedoch durch Gesten der Hände realisiert und ausschließlich visuell wahrgenommen. Gebärdensprache ist nicht zu verwechseln mit der sprachbegleitenden Gestik, die wir zur Begleitung gesprochener Sprache einsetzen.

Bei der Verarbeitung von Gebärdensprache durch hörbeeinträchtigte Menschen scheint die rechte Hirnhälfte eine wesentlich bedeutsamere Rolle zu spielen, als sie dies beim Lesen oder Hören bei hörenden Individuen tut. Im Folgenden wird ein Einblick in die neurolinguistische Forschung zur Hirnorganisation von Gebärdensprache gegeben. Die meisten Studien wurden und werden in der amerikanischen Gebärdensprache durchgeführt (American Sign Language/ ASL). Es existiert jedoch eine Reihe regional spezifischer Sprachsysteme, wie beispielsweise auch eine deutsche Gebärdensprache (DGS). Die Untersuchung von Gebärdensprachlern, die neurologische Erkrankungen haben, zeigt, dass auch diese Patienten, genau wie Hörende, Aphasien ausbilden können. Entsprechende Studien zeigen, dass auch bei der Gebärdensprache die linke Hirnhälfte eine bedeutende Rolle spielt. Läsionen im hinteren Anteil der linken Hemisphäre führen zu Verständnisproblemen, und Läsionen in der Region des Broca-Areals bringen Defizite in der Produktion von Gebärdensprache mit sich. Genau wie bei Hörenden können sich aphasische Sprachprobleme auf unterschiedliche Aspekte der Sprache beziehen, wie beispielsweise auf die Syntax, Phonologie oder Morphologie. Auch die häufig zu beobachtenden Paraphasien – Sprachfehler, die durch ungewollte Ersetzungen auf semantischer oder phonetischer Ebene bedingt sind – lassen sich bei aphasischen Nutzern der Gebärdensprachen beobachten. So wie hörende Aphasiker beispielsweise häufig falsche Wörter aus der gleichen semantischen Kategorie wie das Zielwort verwenden (semantische Paraphasie), produzieren taube Aphasiker auch gelegentlich falsche Gebärden aus der korrekten semantischen Kategorie. Das Analog zu phonemischen Paraphasien sind Fehler in der Handhaltung bzw. in der exakten Ausformung der anzuzeigenden Gebärde.

Aber auch Schädigungen der rechten Hirnhälfte scheinen bei Gebärdensprachlern eine Beeinträchtigung der Sprachfähigkeit mit sich zu bringen. Hier werden insbesondere Probleme mit der Nutzung der Grammatik genannt, aber auch wie bei Hörenden Probleme auf der Ebene des Text- und Diskursverständnisses und bei der Produktion zusammenhängender Texte.

Diese Beobachtungen werden gestützt von aktuelleren Ergebnissen zur funktionellen Bildgebung der ASL-Verarbeitung. So sieht man beispielsweise im systematischen Vergleich zwischen hörenden Englischsprechern und Gebärdensprachlern, dass Erstere sich beim Lesen weitestgehend auf ihre linke Hirnhälfte verlassen, während Gehörlose beidhemisphärische Hirnaktivierungen bei der Sprachverarbeitung zeigen. Wie die oberste Grafik in Abbildung 29 zeigt, akti-

S. 91

viert das Lesen von englischen Sätzen bei englischen Muttersprachlern vor allem die klassischen **cortikalen Sprachregionen** der linken Hemisphäre, also das Broca-Areal im Frontalhirn, sowie das Wernicke-Areal und den benachbart liegenden Gyrus angularis.

Wenn taub geborene Personen, deren primäres Kommunikationsmittel die Gebärdensprache ist, englische Sätze lesen, zeigen sie vor allem in rechtshemisphärischen Hirnregionen Aktivierung (Abbildung 29 Mitte). Dieser Befund ist sehr bedeutsam, da er anzeigt, dass sich die Organisation der Sprache im Gehirn dieser Individuen fundamental von der Sprachrepräsentation hörender Individuen unterscheidet. Interessanterweise zeigen die gleichen Personen beim Verarbeiten von ASL wiederum ein beidseitiges Aktivierungsmuster, welches auch die klassischen Sprachareale der linken Hirnhälfte umfasst (Abbildung 29 unten). Nichtsdestotrotz ist auch hier eine Dominanz der rechten Hirnhälfte zu beobachten.

Zusammen genommen unterstützen die neurolinguistischen und bildgebenden Daten zur Hirnorganisation von Sprache bei Gehörlosen die Annahme einer kritischen Rolle der linken Sprachregionen, genau wie bei Hörenden. Trotzdem scheint die rechte Hirnhälfte bei Gehörlosen eine wesentlich größere Bedeutung für die Sprachverarbeitung zu spielen als bei normal Hörenden. Hierbei ist insbesondere zu beachten, dass diese Organisationsunterschiede nicht nur für die Verarbeitung von Gebärdensprache gelten, sondern auch für das Lesen geschriebener Sprache. Interessant für die Interpretation dieser Ergebnisse dürfte die Beobachtung sein, dass auch hörende Menschen, deren Eltern Gebärdensprachler waren und die daher als Muttersprache eine Gebärdensprache erlernten, vergleichbare rechtshemisphärische Aktivierungen zeigten wie gehörlose Gebärdensprachler. Dieser Befund legt nahe, dass nicht die Taubheit als solche eine stärkere Einbeziehung der rechten Hemisphäre bewirkt, sondern vermutlich die visuell-räumliche Natur der Gebärdensprache

S. 107

ursächlich ist (vgl. rechtsseitige **Lateralisierung** räumlicher Fähigkei-

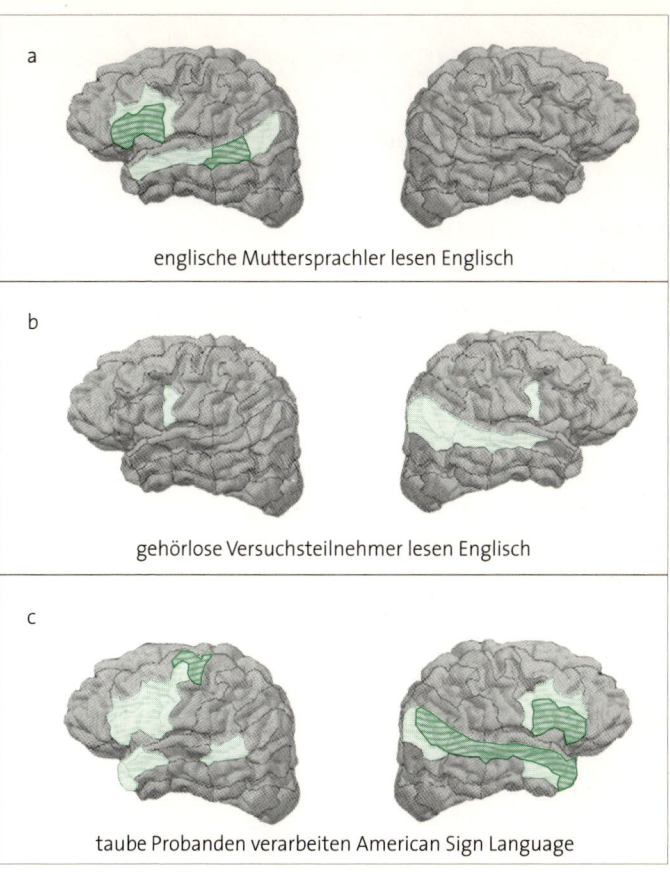

englische Muttersprachler lesen Englisch

gehörlose Versuchsteilnehmer lesen Englisch

taube Probanden verarbeiten American Sign Language

Abb. 29: Hirnaktivierung für verschiedene Sprachaufgaben: (a) englische Muttersprachler lesen Englisch; (b) gehörlose Versuchsteilnehmer lesen Englisch; (c) taube Probanden verarbeiten American Sign Language. Je dunkler der Grünton, desto stärker die Aktivierung.

ten). Hierbei ist vermutlich entscheidend, dass visuell-räumliche und sprachliche Informationen gleichzeitig wahrgenommen und integriert werden müssen.

VERTIEFUNGEN

Beschreibungsebenen der Sprache

Sprache ist unser natürliches Kommunikationsmittel. Wir wachsen mit Sprache auf und wir lernen unsere Muttersprache ganz automatisch. Trotzdem ist Sprache ein unglaublich komplexes Phänomen. Ein ganzer Wissenschaftszweig, die Linguistik, hat sich der Erforschung der Sprache als symbolischem System verschrieben. Im Folgenden wird ein kurzer Überblick über verschiedene Beschreibungsebenen der Sprache gegeben. Gleichzeitig stellen diese auch (einen Teil der) verschiedenen Fächer innerhalb der Linguistik dar.

Aus physikalischer Sicht ist das Sprachsignal vor allem eine komplexe Abfolge von Luftstromveränderungen, welche durch ein fein abgestimmtes Zusammenspiel der unterschiedlichen Bestandteile unseres Artikulationsapparates verursacht wird. Die so erzeugten akustischen Wellen treffen auf unseren Hörapparat, wo sie als Laute wahrgenommen werden. Somit ist klar, dass sich Sprache als ein akustisches Signal oder auch als ein System von Lauten beschreiben lässt. Dieser Ansatz innerhalb der Linguistik wird von der **Phonetik** und der Phonologie verfolgt. Während sich die Phonetik mit der Untersuchung der Eigenschaften des akustischen Sprachsignals befasst, interessiert sich die Phonologie beispielsweise für die Frage, welches die kleinsten bedeutungstragenden Elemente der Sprache sind, die so genannten Phoneme, und nach welchen Regularitäten diese zu Wörtern zusammengesetzt werden. In dieses Gebiet der Linguistik fallen auch prosodische Phänomene. Prosodie bezeichnet bestimmte Aspekte des Sprachsignals, wie etwa die Sprachmelodie oder die Satzintonation. Wie Abbildung 30 weiter unten zeigt, reflektiert der Amplitudenverlauf eines Satzes nicht nur die Lautstärke der Wörter, sondern auch für das Verständnis wichtige Informationen

S. 80

wie beispielsweise die Länge von Pausen zwischen Wörtern und Satzteilen oder die Betonung von Wörtern. Die akustisch-physikalischen Charakteristika ein und desselben Satzes können sich deutlich unterscheiden, abhängig davon, ob dieser mit einer fröhlichen oder einer traurigen Konnotation gesprochen wurde. Solche prosodischen Informationen im gesprochenen Sprachsignal geben uns jedoch nicht nur Hinweise über den emotionalen Gehalt von Sätzen. Sie weisen beispielsweise auch auf Grenzen zwischen Sätzen oder Satzteilen (Phrasen) hin und helfen durch die Satzmelodie, verschiedene Satztypen wie Fragen und Aussagesätze voneinander zu unterscheiden.

Auf einer anderen Beschreibungsebene bewegen sich Linguisten, welche nach den Gesetzmäßigkeiten fragen, nach denen einzelne Wörter zu Sätzen kombiniert werden dürfen. Die Syntax stellt ein abstraktes, hierarchisch organisiertes System von Regeln dar, welches es einem Hörer in der Regel erlaubt, die Bedeutung einer Abfolge von einzelnen Wörtern genau so zu interpretieren, wie es ein Sprecher geplant hat. So ergibt die Wortfolge »morgen zu geht Markus Ina« für sich genommen keinen Sinn. Natürlich können wir im Großen und Ganzen erschließen, dass morgen jemand zu jemand anderem geht. Wir können jedoch nicht wissen, wer genau zu wem gehen wird. Stehen diese Wörter aber in einer Reihenfolge, die den Regeln der Grammatik entspricht, können wir nun auch erkennen, dass »Ina morgen zu Markus geht«.

Eines der bedeutendsten Merkmale der menschlichen Sprache, welches sie von Kommunikationssystemen anderer Säugetiere unterscheidet, ist ihre Fähigkeit zur Rekursivität. Dieser Fachbegriff bezeichnet die prinzipielle Erweiterbarkeit einer sprachlichen Äußerung um sich selbst. So lässt sich beispielsweise ein Argument des Satzes »Ina geht morgen zu Markus« durch Einbettung eines weiteren gleichartigen Satzes modifizieren: »Ina, welche gestern zu Kerstin ging, geht morgen zu Markus.« Auch dieser Satz kann erweitert werden, wie das Beispiel: »Ina, welche gestern zu Kerstin, der Freundin von Klaus, ging, geht morgen zu Markus.« Innerhalb des grammatischen Regelsystems sind Sätze prinzipiell unendlich erweiterbar.

Trotzdem würde dieser Satz mit ein oder zwei weiteren Einbettungen von uns nur noch als schwer verständlich und wenig akzeptabel eingeschätzt werden. Dies liegt jedoch nicht an der Ungrammatikalität einer solchen Äußerung, sondern eher an der Begrenzung unserer mentalen Verarbeitungskapazitäten. Somit wäre die Frage, warum ein Satz wie »Ina, welche gestern zu Kerstin, der Freundin von Klaus, der bald in Urlaub fahren wird, ging, geht morgen zu Markus« schwer zu verstehen ist, eher eine Fragestellung für die Psycholinguistik als für die Lehre von der Syntax. Die Psycholinguistik beschäftigt sich nämlich nicht nur mit der formalen Beschreibung der Sprache als abstraktem System. Sie steht der Psychologie und Kognitionswissenschaft sehr nahe und erforscht, wie das mentale System des Menschen beschaffen sein muss, um Spracherwerb, Sprachproduktion und Sprachverstehen möglich zu machen.

Ein weiteres Teilgebiet der Linguistik, welches sich mit gestörter Sprache, also mit der Diagnostik, Therapie und Erforschung von Sprachstörungen bei neurologischen Patienten mit Hirnschädigungen befasst, wird als Neurolinguistik bezeichnet. Wiederum einen anderen Ansatz zur Erforschung der Sprache verfolgt der Zweig der Semantik, in dem die Bedeutungen von Wörtern und Sätzen im Vordergrund stehen.

Phonetik

Wenn wir gesprochene Sprache wahrnehmen, merken wir in der Regel nicht, was für eine komplexe Verarbeitungsleistung unser Gehirn währenddessen vollbringt. Aber allein die Erkennung der einzelnen Silben und Worte innerhalb des auditorischen Signals stellt eine sehr schwierige Aufgabe dar, die beispielsweise noch immer viele computerisierte Spracherkennungssysteme vor große Probleme stellt.

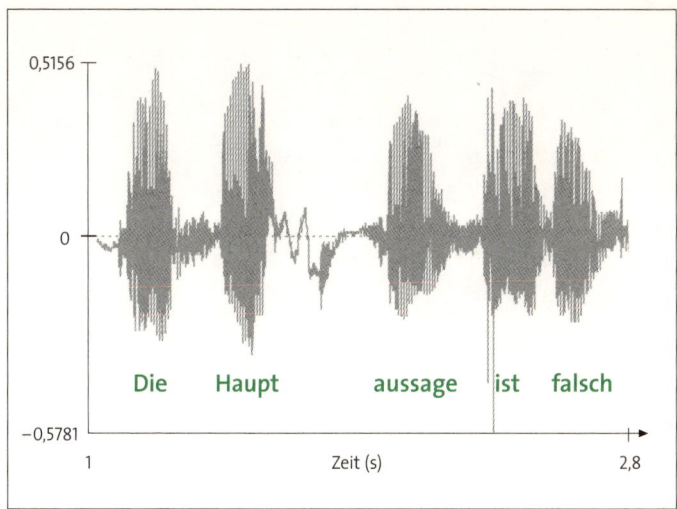

Abb. 30: Signalverlauf der Schalldruckschwankungen während des Satzes »Die Hauptaussage ist falsch«. Im Schallsignal sind deutliche Lücken zwischen »Haupt« und »aussage« zu erkennen, während zwischen »ist« und »falsch« keine zu sehen sind.

Die Komplexität wird etwas anschaulicher, wenn wir das Sprachsignal betrachten, so wie es an unserem Ohr in Form von Schalldruckschwankungen über der Zeit ankommt (siehe Abbildung 30).

Das Beispiel zeigt deutlich, wie die Signalzwischenräume in einem Sprachsignal innerhalb eines Wortes deutlich länger sein können als zwischen zwei Wörtern. Daher kann die Segmentierung in Silben und Wörter nicht allein auf Grund der zeitlichen Abstände im Signal erfolgen. Vielmehr wird bereits bei dieser frühen Verarbeitungsstufe der akustische Input stets auf das Auftreten bekannter Silben und Wörter hin mit dem mentalen Lexikon verglichen. Dadurch kann das Wissen über eine Sprache zur Segmentierung herangezogen werden. Lauscht man den Worten eines Sprechers, der in einer unbekannten Fremdsprache redet, so kann man oft nur eine Aneinander-

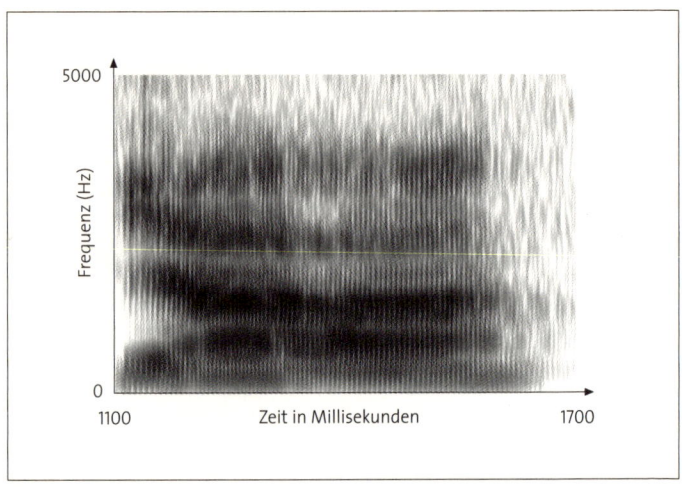

Abb. 31: Verlauf der Frequenzen in dem Wort »ja«.

reihung von Lauten wahrnehmen. Die Wortgrenzen der Fremdsprache werden dabei oft nicht erkannt, da die Worte im eigenen Lexikon nicht vorkommen und dieses Wissen somit die Segmentierung nicht unterstützen kann.

Neben dieser Darstellung der Schallintensität über der Zeit kann man auch die Frequenzanteile über der Zeit darstellen. Diese Darstellungsweise kommt dem Eingangssignal des Innenohrs näher, in dem die Cochlea (Schnecke) mit Hilfe ihrer immer enger werdenden Gänge das Gesamtsignal bereits in seine einzelnen Frequenzen separiert hat. Abbildung 31 zeigt das Spektrogramm des Wortes »ja«. Die Zeit ist in der Horizontalen dargestellt und die Frequenz in der Vertikalen. Eine Schwärzung bedeutet, dass die jeweilige Frequenz zu diesem Zeitpunkt im Signal vorkommt. Ein reiner Sinuston würde als horizontale Linie im Spektrogramm erscheinen. Man erkennt deutlich, dass mehrere Frequenzanteile sich hervorheben und zeitlich variieren.

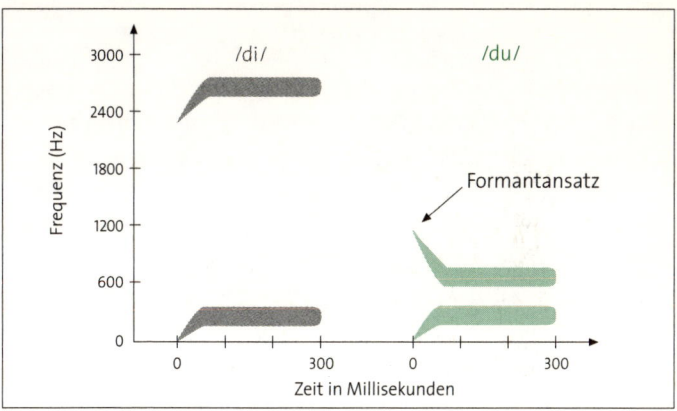

Abb. 32: Formantverlauf der Silben »di« und »du«.

Zur Vereinfachung kann man solche Diagramme schematisieren, so dass sich Darstellungen wie die in Abbildung 32 ergeben. Hier sind die Frequenzbänder zum besseren Verständnis als jeweils durchgängige graue und grüne Verläufe dargestellt. Man bezeichnet jeden solchen Frequenzverlauf als einen Formanten. Der Hauptanteil der beiden dargestellten Silben »di« und »du« wird durch die Vokale »i« und »u« bestimmt. Nur der Formantansatz rührt von dem »d« her. Hier sieht man gleich wieder ein weiteres Problem der Sprachwahrnehmung. Bei der Sprachproduktion wird nicht etwa jeder Buchstabe gleich ausgesprochen, sondern anders artikuliert, je nach dem, welche anderen Buchstaben ihm folgen oder vorausgehen. Man nennt dieses Phänomen die Koartikulation. Die Formantansätze der beiden Silben »di« und »du« beispielsweise sehen deutlich unterschiedlich aus, da sie sich in erster Linie nach den Vokalen richten, in denen sie enden. Trotzdem nehmen wir in beiden Fällen ein »d« wahr, ein Phänomen, das man als Wahrnehmungskonstanz bezeichnet. Die Wahrnehmungskonstanz auf der Seite des Hörers korrigiert also die Koartikulation seitens des Sprechers.

Primäre senso-motorische Areale

Unter primären sensorischen und motorischen Hirnzentren versteht man diejenigen Areale des Gehirns, in denen Informationen aus den Wahrnehmungsorganen (Augen, Ohren etc.) ankommen bzw. in denen Befehle an die Motorik (Muskulatur) ausgesendet werden. Höhere cortikale Sprachareale des Gehirns benötigen diese Areale, um mit der Außenwelt zu kommunizieren. Über den primären auditorischen Cortex der linken und rechten Hemisphäre gelangen akustische Informationen ins Gehirn, d. h. diese Areale sind für das Hören zuständig. Entsprechend ist der primäre visuelle Cortex für das Sehen verantwortlich, da hier die visuelle Information aus den Augen im Gehirn ankommt. Der primäre motorische Cortex sendet Nervenimpulse an die Muskeln des Körpers. Auf diese Art und Weise werden auch die Muskeln des Artikulationsapparates (Zunge, Lippen, Kehlkopf etc.) innerviert.

Um die Lage dieser Areale im Gehirn zu beschreiben, ist zunächst ein grobes Verständnis der Anatomie des menschlichen Gehirns nötig. Das menschliche Gehirn ist in eine linke und rechte Hirnhälfte unterteilt, die sich in ihrem Aussehen gleichen und fast spiegelsymmetrisch sind. Zwischen den beiden liegt die Interhemisphärenspalte. Jede der beiden Hemisphären ist in vier verschiedene Lappen unterteilt, die durch Furchen voneinander getrennt sind (siehe Abbildung 33). Eine solche Furche bezeichnet man auf Lateinisch als Sulcus (Mehrzahl: Sulci). Der Hirnlappen, der direkt hinter der Stirn liegt, wird als Frontallappen bezeichnet (lat. frons = Stirn). Der sich nach hinten anschließende Lappen wird Parietallappen genannt (lat. parietal = seitlich). Frontal- und Parietallappen sind durch eine Furche, den Sulcus centralis, getrennt. Dieser wird auch als Rolandische Furche bezeichnet. Der am Hinterkopf gelegene Lappen wird als Occipitallappen bezeichnet (lat. occiput = Hinterhaupt). Der unter der Schläfe liegende Lappen wird schließlich als Temporallappen

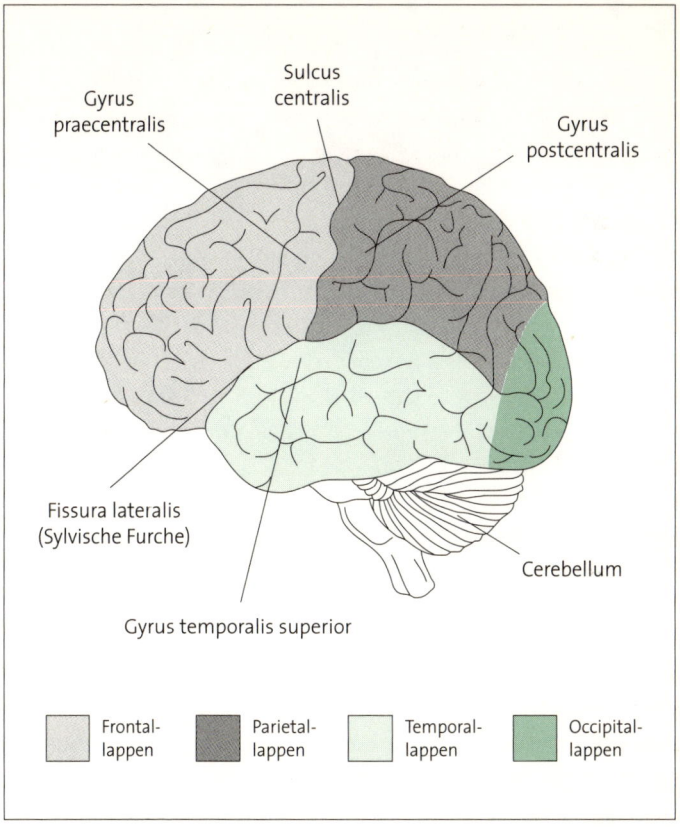

Abb. 33: Die Einteilung des menschlichen Gehirns in vier Lappen. Bei dieser Darstellung ist der linke Teil der Abbildung vorne (anterior) im Gehirn.

bezeichnet (lat. temporal = zeitlich), weil man früher an der Schläfe die einzige zeitliche Veränderung am Kopf feststellen konnte, an der unter der Haut eine Ader verläuft, nämlich die so genannte Schläfenarterie (Arteria temporalis). Zwischen dem Frontal- und dem Temporallappen verläuft eine weitere markante Furche, der Sulcus late-

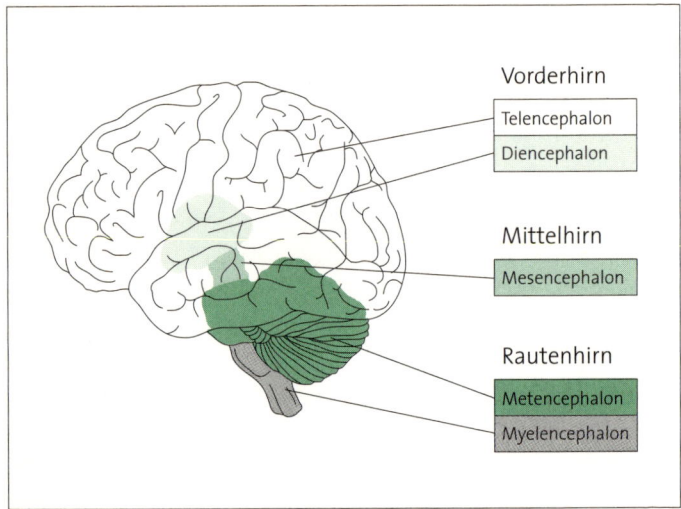

Vorderhirn

| Telencephalon |
| Diencephalon |

Mittelhirn

| Mesencephalon |

Rautenhirn

| Metencephalon |
| Myelencephalon |

Abb. 34: Lage der subcortikalen Hirnregionen und des Kleinhirns durch ein durchsichtiges Hirn betrachtet. Der Thalamus liegt im Dienzephalon und das Kleinhirn hinter dem Hirnstamm (grau) im Rautenhirn (links ist vorne).

ralis (von lat. lateral = seitlich), der auch als Fissura lateralis oder Sylvische Furche bezeichnet wird.

Wie man in Abbildung 33 erkennt, ist jeder dieser vier Hirnlappen wiederum in mehrere so genannte Windungen unterteilt. Eine solche Hirnwindung bezeichnet man mit dem lateinischen Wort Gyrus (Mehrzahl: Gyri). Um die Lage einer Hirnwindung anatomisch genau anzugeben, beschreibt man, in welchem Lappen sie sich befindet und hängt ein weiteres Attribut an, welches angibt, ob sie innerhalb des Lappens oben (superior), unten (inferior) oder in der Mitte (medius) liegt. Auf diese Weise kann zum Beispiel der in Abbildung 33 dargestellte Gyrus temporalis superior als die obere Windung des Temporallappens identifiziert werden. Die beiden Gyri vor und hinter dem Sulcus centralis werden als Gyrus präcentralis und postcentralis bezeichnet. Einige weitere Gyri werden auch nach ihrer Funktion oder Form benannt.

Neben denjenigen Regionen des Gehirns, die man von der Hirnaußenseite (der Großhirnrinde) gut sieht, gibt es eine Vielzahl von Strukturen, die unter dieser sichtbaren Schicht verborgen liegen. Abbildung 34 zeigt in einem durchsichtigen Gehirn die Lage der subcortikalen Gebiete des Hirnstamms. Für das Verständnis der Sprache sind vor allem der Thalamus im Diencephalon und das Kleinhirn (lat.: cerebellum, s. Abbildung 33) wichtig. Der Thalamus ist eine Umschaltstation für alle sensorischen Reize aus der Umwelt. Im Wachzustand werden dort Bilder, Töne etc. aus der Umwelt an den Cortex weiter geschaltet, während das im Tiefschlaf nicht geschieht. Das Kleinhirn dient der Kontrolle willkürlicher Bewegungen.

Die primären auditorischen Cortices (A1) befinden sich grob gesagt hinter den beiden Ohren, also im Temporallappen. Sie liegen in den so genannten Heschlschen Gyri, die auf der Oberseite des Temporallappens schräg in die Tiefe des jeweiligen Sulcus lateralis ragen und daher von außen nicht zu sehen sind. Wenn man jedoch ein Schnittbild durch das Gehirn betrachtet, kann man sehen, dass der auditorische Cortex tief in das Gehirn hineinragt (siehe Abbildung 35). Jedes Ohr ist über Kerngebiete im Hirnstamm mit dem gegenüberliegenden primären auditorischen Cortex besser verbunden als mit dem gleichseitigen. Das liegt daran, dass die Nervenfasern, die ein Ohr mit dem gegenüberliegenden Cortex verbinden, sowohl zahlreicher als auch schneller leitend sind. In den primären auditorischen Cortices werden elementare Eigenschaften akustischer Reize verarbeitet. Es werden beispielsweise laute und leise sowie hohe und tiefe Töne unterschieden. Interessant ist dabei, dass unsere Umwelt in einer ganz bestimmten, wohl organisierten Art und Weise auf den Cortex abgebildet wird. Benachbarte Neurone im primären auditorischen Cortex sind für benachbarte Frequenzen in akustischen Signalen zuständig. D.h., dass eine Schwingung von 1000 Hz ein ande-

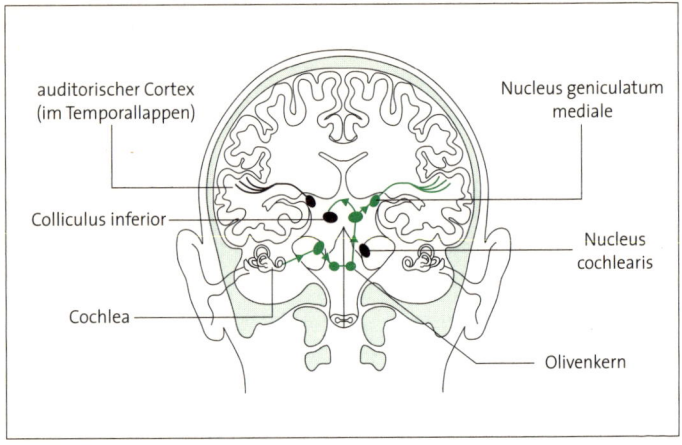

Abb. 35: Der Weg vom Ohr zum primären auditorischen Cortex ist hier in einem Schnittbild dargestellt. Die Schnecke (Cochlea) des Innenohrs wandelt Schalldruckschwingungen in Nervenimpulse, die an den Nucleus cochlearis des Hirnstamms weitergeleitet werden. Von dort aus gelangen die Impulse an den Olivenkern und in den Colliculus inferior, bevor sie zum Corpus geniculatum mediale (mittleren Kniehöcker) des Thalamus gelangen. Schließlich erreichen sie den Cortex in der Tiefe des Sulcus lateralis an der Oberseite des Temporallappens, wo der Heschlsche Gyrus liegt.

res Neuron zum Feuern anregen würde als eine Schwingung von 2000 Hz. Dieses zweite liegt aber näher an dem ersten als ein weiteres, welches von einer Schwingung von 3000 Hz angeregt würde. Diese nach Frequenzen sortierte Anordnung von Neuronen nennt man Tonotopie.

An diese primären auditorischen Areale schließen sich die so genannten sekundären auditorischen Areale an, die in benachbarten Hirngebieten im Gyrus temporalis superior liegen. Sekundäre auditorische Areale und höhere auditorische Assoziationsgebiete verarbeiten komplexere Eigenschaften akustischer Signale, wie etwa den Frequenzverlauf eines Tons über der Zeit. Ein Ton kann mit der Zeit ansteigen oder abfallen, was nacheinander verschiedene Neurone in der tonotopen Karte des primären auditorischen Cortex anregen würde. Die Neurone der tonotopen Karte sind mit den Neuronen der höheren auditorischen Cortices so verschaltet, dass dort Nervenzellen beispielsweise auf ansteigende oder abfallende Töne reagieren. Diese komplexeren Eigenschaften akustischer Reize werden von immer komplexeren Neuronen weiter analysiert, bis schließlich aus den vielen Eigenschaften des akustischen Reizes eine Stimme oder ein Wort erkannt werden kann.

Der primäre visuelle Cortex (V1) liegt nicht wie die auditorischen Areale in der Nähe der wahrnehmenden äußeren Organe, sondern ihnen genau gegenüber. Nervenimpulse aus den Augen müssen demnach einmal quer durch das Gehirn bis in den Occipitallappen gelangen, bevor sie den Cortex erreichen. Die Nervenbahnen erreichen den Cortex in der Interhemisphärenspalte, so dass man den primären visuellen Cortex von außen nicht einsehen kann. Bilder, die in der rechten Gesichtsfeldhälfte dargeboten werden, erreichen den linken primären visuellen Cortex und umgekehrt.

Jedes visuelle Neuron besitzt ein rezeptives Feld in unserem Gesichtsfeld. Nur wenn innerhalb dieses rezeptiven Feldes ein Reiz erscheint, kann das betreffende Neuron zum Feuern angeregt werden. Die rezeptiven Felder der Neurone in der Retina und im Thalamus sind rund und reagieren entsprechend am besten auf runde visuelle Reize wie Lichtpunkte. Im primären visuellen Cortex (V1) besitzen die Neurone komplexere rezeptive Felder, die sich aus der Verschaltung der vorhergehenden Neurone mit runden rezeptiven Feldern ergeben. Ist ein V1-Neuron so verschaltet, dass es die Signale von drei Neuronen erhält, deren rezeptive Felder vertikal übereinander liegen, so besitzt dieses Neuron ein vertikales rezeptives Feld. Dadurch reagiert diese Nervenzelle am besten auf vertikale Lichtreize. Ähnliche Verschaltungen führen zur Bevorzugung horizontaler Lichtreize, und so werden in V1 Merkmale wie Kanten und deren Orientierung verarbeitet. In den angrenzenden sekundären visuellen Arealen werden dann immer komplexere Merkmale erkannt, die auf den vorhergehenden beruhen, wie Farben, Formen und Buchstaben. Höhere visuelle Areale reichen vom Occipital- in den Temporal- und den Parietallappen.

Ebenso wie es Areale für in das Gehirn eingehende sensorische Information gibt, existieren auch Regionen des Gehirns, die darauf spezialisiert sind, Information an unsere Umwelt abzugeben. Das geschieht im so genannten primären motorischen Cortex (M1). Dieser erstreckt sich über den Gyrus praecentralis, der im Frontallappen genau vor dem Sulcus centralis liegt – also an der Grenze zum Parietallappen (siehe Abbildung 33). Innerhalb von M1 sind die für Sprachproduktion wichtigen Gesichts- und Halsmuskeln am untersten Ende nahe dem Temporallappen repräsentiert. In M1 werden einzelne Muskeln angesteuert, so dass Läsionen in dieser Region zum Ausfall bestimmter Muskeln führen. Der motorische Cortex einer Hemisphäre ist für die Bewegungen der Muskeln der anderen Körperseite zuständig. Direkt vor dem motorischen Cortex liegen prämotorische Areale, die komplexere Bewegungen aus mehreren einzelnen Muskelaktivierungen steuern können. Läsionen in diesen Bereichen führen dazu, dass zwar jeder einzelne Muskel noch bewegt werden kann, aber komplexere Bewegungsabläufe nicht mehr möglich sind.

Direkt hinter dem Sulcus centralis liegt der Gyrus postcentralis, der den primären somatosensorischen Cortex darstellt. Dort kommen alle Nervenimpulse aus der Haut und aus den Muskeln an, die uns Berührungsempfindungen vermitteln und über die wir fühlen, ob Muskeln angespannt sind oder nicht. In der Regel geht eine motorische Bewegung mit einer somatosensorischen Wahrnehmung einher, und die beiden auf dem Cortex benachbarten motorischen und sensorischen Areale, die direkt miteinander verbunden sind, werden daher nacheinander innerviert.

Cortikale Sprachregionen

Von den primär sensorischen Arealen des Gehirns werden Informationen in Gehirnregionen mit einem höheren Verarbeitungsgrad, so genannte Assoziationscortices, geleitet. Assoziationsregionen des Gehirns können unimodal sein, das heißt sie verarbeiten genau wie primäre sensorische Areale ausschließlich Informationen aus einer Modalität (visuell, auditorisch, somatosensorisch, gustatorisch oder olfaktotisch). Ein noch höherer Integrationsgrad wird in heteromodalen Cortices erreicht, in denen Signale aus mehreren Sinnesmodalitäten integriert werden. Höhere Sprachareale sind dementsprechend Regionen des Gehirns, die insbesondere am Verstehen oder an der Produktion von Sprache beteiligt und in Assoziationsarealen des Gehirns zu finden sind.

Die klassischen Sprachareale des Gehirns sind die Regionen von Broca und Wernicke, benannt nach bekannten Neurologen des 19. Jahrhunderts, welche diese Gehirnregionen erstmals in einen Zusammenhang mit Sprache brachten.

Es ist nahe liegend, dass diese beiden zentralen Sprachregionen nicht völlig unabhängig voneinander arbeiten. Wenn wir als Beispiel das Wiederholen eines gesprochenen Wortes annehmen, so ist es nicht ausreichend, Gehirnregionen für das Verstehen und andere Regionen für das Aussprechen des Wortes zu besitzen. Diese Sprachzentren müssen auch miteinander kommunizieren können. Während eine Verbindung zwischen den beiden Sprachzentren schon sehr früh angenommen wurde, konnte erst später die Existenz eines Stranges von Nervenfasern zwischen dem posterioren Temporallappen und dem Frontalcortex gezeigt werden. Dieser so genannte Fasciculus arcuatus existiert auch beim Menschen, und er verbindet die beiden bedeutsamen Sprachregionen des menschlichen Gehirns. Störungen der Sprache können damit auf eine Schädigung eines Sprachareals zurückgeführt werden, aber auch auf eine Durchtrennung der sie verbindenden Nervenfasern.

In den 6oer und 7oer Jahren des 20. Jahrhunderts veränderte sich die Untersuchung der hirnanatomischen Grundlagen der Sprache (und anderer mentaler Funktionen) bedeutend durch die Verfügbarkeit von Methoden zur anatomischen Bildgebung bei neurologischen Patienten (Computertomographie, Magnetresonanz-Tomographie). Erstmalig konnten die Lokalisationen von Schädigungen im Gehirn, welche zu einer Sprachstörung führten, am lebenden Patienten untersucht werden. Diese neuen Techniken bestätigten die Bedeutung der Broca- und Wernicke-Region, aber zeigten auch, dass andere Areale relevant für die Verarbeitung von Sprache sind. Führend in diesem Bereich war Norman Geschwind, ein Neurologe aus Boston. Das neurologische Modell der Sprache (siehe Abbildung 3) nach Geschwind, welches seine Wurzeln in den Arbeiten von Wernicke und Zeitgenossen hat, nimmt beispielsweise an, dass der Gyrus angularis des unteren Parietallappens eine wichtige Rolle bei der Umwandlung von geschriebenen Informationen in akustische Wortbilder einnimmt. Somit stellt der Gyrus angularis nach diesem Modell eine Art Eingang in das Wernicke-Areal dar, welcher nur von visuell wahrgenommenen Wörtern benutzt werden muss. Generell wird nicht nur das Wernicke-Areal, sondern ein Großteil der Übergangsregion zwischen Temporal- und unterem Parietallappen als Sprachregion angesehen. Diese Übergangsregion umfasst neben dem Wernicke-Areal und dem Gyrus angularis auch das Planum temporale, eine Region direkt posterior zum auditorischen Cortex (Abbildung 41, S.109), die bedeutsam für akustische Verarbeitung ist, sowie den Gyrus supramarginalis im Parietallappen. Letzterer ist zwischen Gyrus angularis und dem somatosensorischen Cortex lokalisiert.

Bemerkenswert ist hierbei, dass sich alle bisher diskutierten Sprachregionen des Gehirns in der linken Hemisphäre befinden. In der Tat ist es so, dass die linke Hemisphäre auf Sprache spezialisiert ist und dass der größte Teil der Rechtshänder mit normaler Lateralisierung Sprachstörungen vorwiegend nach Schädigungen der linken Hirn-

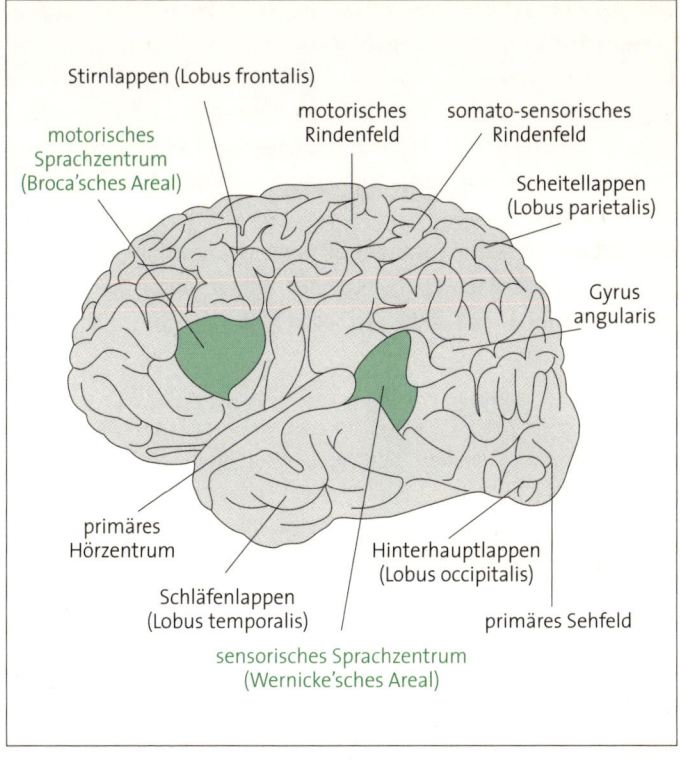

Abb. 36: Seitenansicht der linken Gehirnhälfte, mit Broca- und Wernicke-Region.

hälfte zeigt. Dieses Phänomen scheint auf einer Asymmetrie von bestimmten, sprachrelevanten cortikalen Regionen zu basieren (**Lateralisierung**). Die evolutionsbiologischen Gründe für diese Lateralisierungsunterschiede sind jedoch bis heute nicht komplett verstanden.

Moderne funktionell-bildgebende Verfahren wie die Positronen-Emissions-Tomographie oder die funktionelle Magnetresonanz-Tomogrpahie erlauben es heutzutage, die Organisation von Sprache und anderen mentalen Funktionen im gesunden Gehirn zu untersu-

S. 107

chen. Diese Forschung innerhalb der so genannten kognitiven Neurowissenschaften bestätigt teilweise bekanntes Wissen aus der aphasiologischen Forschungstradition, stellt aber auch einige etablierte Erkenntnisse in Frage. Beispielsweise zeigen viele bildgebende Studien zur Sprache eine Koaktivierung von rechtshemisphärischen Hirnregionen, die homolog zu den linkshemisphärischen Sprachregionen liegen. So muss heutzutage angenommen werden, dass, obwohl Läsionen der rechten Hemisphäre nur sehr selten zu Sprachdefiziten führen, rechtshemisphärischer Cortex nichtsdestotrotz zur effizienten Verarbeitung von Sprache im Alltag beiträgt.

Subcortikale Sprachregionen

Der Hirnstamm (s. in Abb. 34 grau dargestellt) verbindet nicht nur den Cortex der Großhirnhemisphären mit dem Rückenmark, sondern besitzt auch Zellanhäufungen, so genannte Kerngebiete, in denen Nervenzellen bestimmte Aufgaben erfüllen. Viele dieser Aufgaben sind sehr elementare Funktionen für den Körper, wie die Steuerung der Atmung oder des Schlaf/Wach-Rhythmus. Deswegen hat man lange Zeit geglaubt, dass höhere kognitive Funktionen im Cortex und basalere Körperfunktionen in subcortikalen Arealen, wie dem Hirnstamm, angesiedelt sind. Dabei werden aber mehrere wichtige Tatsachen außer Acht gelassen. Einerseits werden alle eingehenden Informationen aus unserer Umwelt vom Thalamus an den Cortex weitergeleitet, bevor sie dort verarbeitet werden. Auditorische Information wird sogar in mehreren subcortikalen Kerngebieten vorverarbeitet, noch bevor sie in den Thalamus gelangt (s. Abbildung 35). Sind diese Kerngebiete gestört, so ist gleichzeitig die Wahrnehmung der betreffenden Modalität gestört, was auch stets eine Auswirkung auf unsere Sprache hat. Andererseits muss Sprache artikuliert werden, wobei die neuronalen Schaltkreise der Motorik verwendet werden. Diese schließen die subcortikal gelegenen Strukturen der Basalganglien und des Kleinhirns ein. Läsionen in diesen Gebieten können zum Verlust des Sprechens, Schreibens oder der Gebärdensprache führen. Außerdem benötigen wir zur Sprachwahrnehmung und zur Sprachproduktion zahlreiche subcortikale Funktionen, die zwar nicht spezifisch für Sprache sind, aber trotzdem notwendig. Dazu zählt u. a. die Fähigkeit, Worte im Langzeitgedächtnis abzuspeichern und unsere Aufmerksamkeit auf die Sprache zu lenken.

Wenden wir uns zunächst dem Thalamus zu. Diese Struktur des Diencephalon liegt am oberen Ende des Hirnstamms (Abbildung 34) und ist mit fast allen cortikalen Hirnregionen reziprok, d.h. in beide Richtungen, verbunden. Die Verbindungen laufen dabei durch eine Neuronenschicht, die den Thalamus wie eine Schale umgibt, den so genannten Nucleus reticularis thalami. Der Thalamus ist nicht nur eine reine Umschaltstation für die Nervenfasern, die von und zum Cortex laufen. In Abhängigkeit von bestimmten kognitiven Zuständen leitet der Thalamus die ein- und ausgehenden Informationen entweder weiter oder nicht. Was im Wachzustand an sensorischen Eindrücken an unseren Cortex gelangt, wird im Tiefschlaf durch den Thalamus blockiert. In ähnlicher Weise dient der Thalamus auch als Relaisstation zwischen verschiedenen cortikalen Arealen. Stets werden Nervenimpulse in Abhängigkeit der Aufmerksamkeit weitergeleitet oder nicht. Lenken wir beispielsweise unsere Aufmerksamkeit auf das Sehen, so werden Informationen vom Auge bevorzugt weitergeleitet. Dadurch kommt dem Thalamus eine wichtige Funktion bei der Auswahl zu bearbeitender Inormationen zu. Areale des frontalen Cortex können wiederum den Thalamus beeinflussen und dadurch auf die Steuerung der Aufmerksamkeit wirken.

Läsionen im Thalamus führen zu amnestischen Symptomen, wie beispielsweise Schwierigkeiten bei der Benennung von Bildern. Man geht davon aus, dass Sprachstörungen infolge von Thalamusläsionen meist auf Grund von Störungen der Aufmerksamkeit, sensorischer oder motorischer Prozesse auftreten.

Weitere für die Sprache wichtige subcortikale Strukturen sind die Basalganglien und das Kleinhirn, in denen die Planung und Kontrolle willkürlicher motorischer Bewegungen ablaufen. Wenn wir eine Bewegung durchführen, so geht der tatsächlichen Bewegung eine exakte Planung voraus. Selbst bei einer so trivial erscheinenden Bewegung wie dem Tritt gegen einen Ball müssen die Teilbewegungen vorher geplant werden. Der Fußtritt setzt sich schließlich aus einer Vielzahl von einzelnen Muskelaktivitäten zusammen, die in einer präzisen zeitlichen Abfolge nacheinander durchgeführt werden müssen. Diese Planung geschieht in den Basalganglien, die seitlich des Thalamus zwischen dem Zwischenhirn und der Großhirnrinde liegen (siehe Abbildung 34). Bevor ein Nervenimpuls vom motorischen Cortex tatsächlich an den entsprechenden Muskel geschickt wird, läuft er erst durch eine Schleife zu den Basalganglien, zum Thalamus und zurück zum Cortex (siehe Abbildung 37). Dabei kann man schon über eine Sekunde bevor die Bewegung wirklich ausgeführt wird EEG-Signale messen, die auf die Aktivität dieser motorischen Planungsschleife zurückzuführen sind. Nur wenn die Bewegung erfolgreich geplant wurde, wird sie schließlich ausgeführt. Dabei gibt es eine weitere Kontrollinstanz: das Kleinhirn. Jede erfolgte Bewegung wird daraufhin kontrolliert, ob die zurückkommenden sensorischen Impulse auch eine korrekte Bewegungsausführung anzeigen. Sowohl sensorische Neurone in der Haut als auch in den Muskeln projizieren über das Rückenmark und den Hirnstamm zum Kleinhirn, wo motorische und sensorische Impulse verglichen werden. Ist eine Bewegung noch nicht vollständig durchgeführt worden, was etwa durch eine fehlende Berührung der Finger mit einem Glas angezeigt werden könnte, so wird sie weiter ausgeführt.

Alle drei Phasen der Bewegungsdurchführung, die Planung, die eigentliche Ausführung und die Überprüfung, müssen auch im Fall der Sprechmotorik durchlaufen werden. Daher verwundert es nicht, dass Läsionen in den Basalganglien und im Kleinhirn zu Sprachstö-

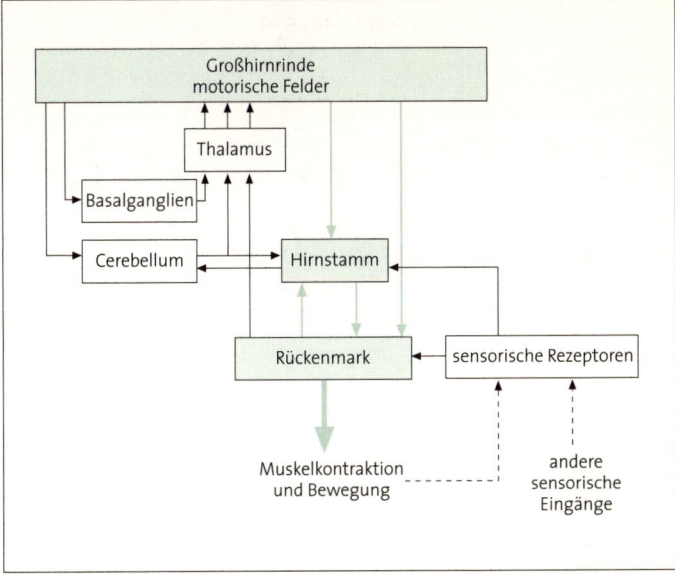

Abb. 37: Beteiligung subcortikaler Hirnregionen an der Bewegungsplanung, die auch allen Sprechbewegungen vorausgeht.

rungen führen. Die Basalganglien sind, entsprechend ihrer normalen Funktion bei der Bewegungsplanung, meist bei expressiven Störungen betroffen. Das Kleinhirn ist aber auch an nicht-motorischen kognitiven Funktionen beteiligt. Besonders wenn es um kritische zeitliche Abläufe geht, scheint es als interne Uhr zu fungieren. Diese Funktion ist auch für Sprachwahrnehmung und Sprachproduktion elementar wichtig. Interessanterweise treten Sprachstörungen infolge von Kleinhirnläsionen öfter nach rechtsseitigen Läsionen auf, was auf eine Lateralisierung des Kleinhirns bezüglich einer Funktionalität schließen lässt. Auch bei den Basalganglien zeigt sich, dass Sprachstörungen vermehrt nach Läsionen der linken Basalganglien auftreten.

Artikulation

Physiologisch kann Sprechen als eine Kombination aus der Stimm-
bildung (Phonation), einer Funktion des Kehlkopfes, und der Artikulation im Nasen-Rachen-Raum beschrieben werden. Die Stimme, im
Kehlkopf erzeugt, wird während der Aussprache durch die Artikulatoren (Zunge, Kiefer und Lippen) verändert, um Vokale und Konso-
nanten zu formen. Der Prozess des Sprechens umfasst jedoch noch
mehr als die reine motorische Steuerung des Artikulationsapparates-
tes. Dies ist eine Funktion des motorischen Cortex. Bevor es jedoch
zur Innervierung der Muskulatur der Artikulatoren durch Nervenzellen im primären Motorcortex kommen kann, muss das Konzept
eines auszusprechenden Wortes, welches im semantisch-konzep-
tuellen System ausgewählt wurde, in eine Abfolge von Phonemen
umgewandelt werden. Für diese wiederum müssen komplexe motorische Programme aktiviert werden, welche dann zur Erregung der
entsprechenden primär-motorischen Regionen und damit der peri-
pheren Muskeln führen.

Es galt lange Zeit als etabliert, dass die Produktion von Sprache
eine Funktion des Broca-Areals sei. Dies ist eine plausible Annahme,
da das Broca-Areal dem motorischen Cortex vorgelagert ist, und
zwar auf der Höhe der Repräsentation der Gesichts- und Artikula-
tionsmuskulatur. Heutzutage stellt sich die Kontrolle des Sprechap-
partes jedoch etwas anders dar. Insbesondere eine Studie war sehr
bedeutsam für die Neukonzeption der Sprachsteuerung durch das Gehirn. In dieser Studie wurden eine Reihe von aphasischen Patienten
untersucht, welchen eine Störung der Sprechmotorik (Dysarthrie)
gemein war. Die Ausdehnungen der Hirnschädigungen (Läsionen)
dieser Patienten waren nicht alle identisch, sie umfassten jedoch bei
allen Patienten Sprachregionen der linken Hemisphäre. Durch com-
putergestützte Methoden zur Analyse der Läsionsorte ließen sich
Hirnregionen bestimmen, die bei allen untersuchten Patienten be-

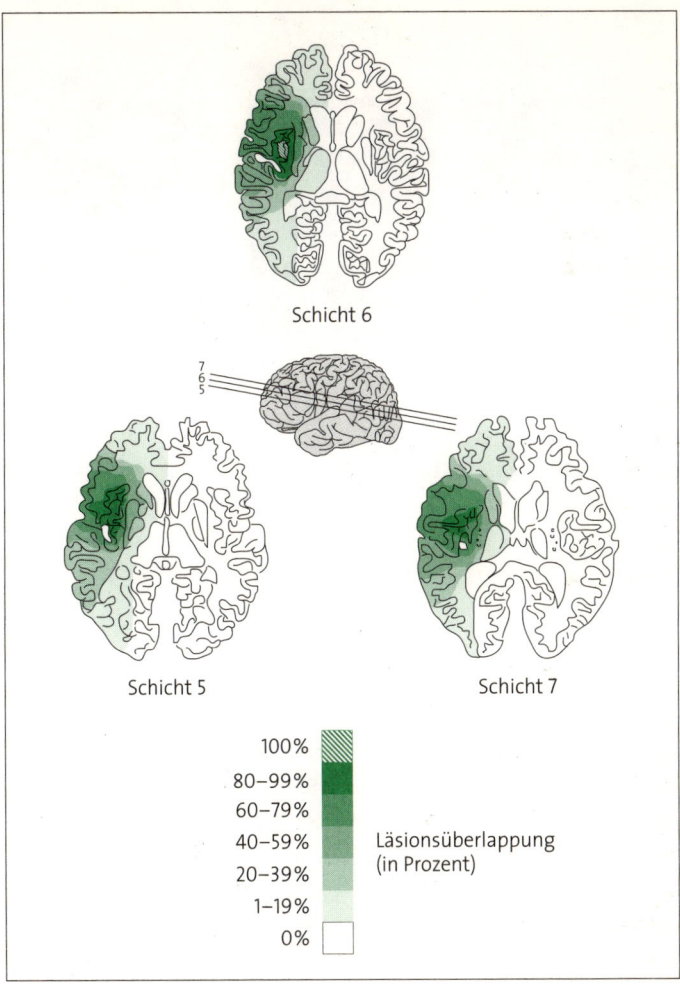

Schicht 6

Schicht 5

Schicht 7

100%
80–99%
60–79%
40–59%   Läsionsüberlappung
20–39%   (in Prozent)
1–19%
0%

Abb. 38: Ergebnisse einer Läsionsstudie zu neurologischen Störungen der Sprach-artikulation. Die Farbkodierung zeigt den Grad der Überlappung der Läsionsorte von Patienten mit Dysarthrien an. Grün schraffierte Regionen im insulären Cortex waren bei allen untersuchten Patienten betroffen.

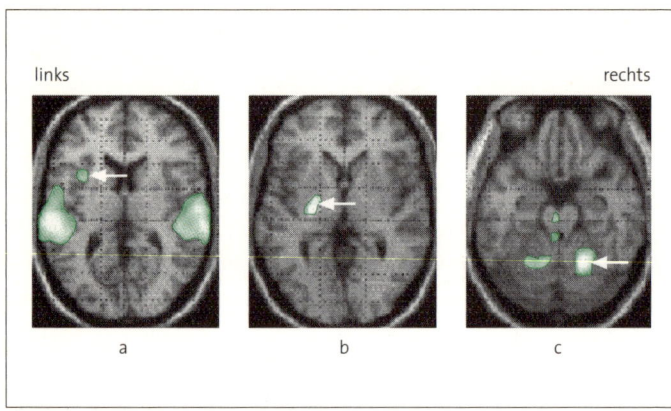

links   rechts

a   b   c

Abb.39: Eine PET-Studie zeigt die Hirnkorrelate der Wiederholung von gehörten Wörtern. Die große bilaterale Aktivierung ist durch das Hören des Stimuluswortes bedingt. Darüber hinaus sieht man Aktivierungen in der vorderen Insel (Pfeil ganz links), in den Basalganglien (Mitte) und im rechten Cerebellum (rechts), die für die Artikulation des Wortes verantwortlich sind.

troffen waren. Es stellte sich heraus, dass eine cortikale Region, welche unter der Broca-Region liegt, der so genannte insuläre Cortex, das einzige Hirnareal ist, welches bei allen dysarthrischen Patienten dieser Studie beschädigt war (Abbildung 38).

Die auf der Basis von Läsionsdaten gewonnene Erkenntnis, dass die Insula, aber nicht das klassische Broca-Areal kritisch für die Artikulation ist, konnte später durch eine Reihe von funktionell-bildgebenden Studien untermauert werden. In diesen Arbeiten konnte darüber hinaus gezeigt werden, dass die Insel, genauer gesagt der vordere Anteil der Insel, bei der Planung von Sprache zusammenarbeitet mit subcorticalen Regionen der Basalganglien sowie mit dem Kleinhirn (Cerebellum). In Abbildung 39 sieht man dieses Netzwerk in einer Hirnaktivierungsstudie mittels der Positronenemissions-Tomographie (PET), in der die Versuchsteilnehmer gehörte Wörter wiederholen mussten. Die große Aktivierung, die im linken Bild in

den primären und sekundären auditorischen Regionen beider Hirn-
hälften erkennbar ist, wird durch das eigentliche Hören der Stimu-
luswörter verursacht. Darüber hinaus sind drei aktivierte Hirnareale
zu identifizieren, die mit der Artikulation des Wortes zu tun haben.
Diese sind die vordere Insel sowie der Globus pallidus der Basalganglien, beide in der linken Hirnhälfte. Zusätzlich ist Aktivierung im rechten Kleinhirn (Cerebellum) beobachtbar. Homologe Aktivierung im
linken Cerebellum ist deutlich schwächer. Dies ist plausibel, da das
rechte Kleinhirn mit linkshemisphärischen Cortexregionen kommuniziert. Nicht dargestellt sind in dieser Grafik die Aktivierungen in den
motorischen Cortices, die die Sprechmuskulatur steuern. Diese sind
höher im Gehirn lokalisiert und wurden in der berichteten Studie
auch aktiviert.

Die Aphasien

Eine Aphasie ist eine erworbene Sprachstörung, in der Regel ausgelöst durch eine neurologische Schädigung. Hierzu gehören ischämi-
sche Ereignisse (z. B. Infarkte), Traumata, Tumoren oder entzündliche
Prozesse wie die Enzephalitis. Abhängig von der Region des Gehirns,
welche von der Schädigung betroffen ist, treten Aphasien mit unterschiedlichen Symptomen auf.

Aphasische Symptome können sich als Probleme mit der Produktion oder dem Verständnis von Sprache ausdrücken, sie können sich
auf das Sprechen und Hören oder das Lesen und Schreiben be-
schränken, und sie können unterschiedliche Repräsentationsebenen
der Sprache (Grammatik, Semantik, Phonologie) betreffen. Es handelt
sich jedoch nicht um eine Beeinträchtigung der sensorischen Verarbeitung (Sehen und Hören), sondern tatsächlich um eine Störung
des Sprachsystems. Häufig treten aphasische Symptome nicht iso-
liert auf, sondern in Kombination. Die sich ergebenden aphasischen
Syndrome sind häufig eine komplexe Sammlung von einzelnen Symp-

tomen, die schwer voneinander abzugrenzen sind. Die wichtigsten Formen der Aphasie werden im Folgenden kurz beschrieben.

Die Broca-Aphasie, welche auch als nicht-flüssige Aphasie bezeichnet wird, ist eine Störung der Sprachproduktion. Broca-Aphasiker zeigen starke Probleme bei der Artikulation und sprechen meist in sehr stark verkürzten und grammatisch vereinfachten Sätzen. Inhaltswörter (Verben und Substantive) werden von Broca-Aphasikern meist in der unflektierten Form verwendet und Funktionswörter wie Artikel oder Präpositionen so gut wie gar nicht benutzt. Probleme treten auch beim Wiederholen von Wörtern auf. Neuere Befunde weisen darauf hin, dass Broca-Aphasiker nicht nur eine Produktionsstörung haben, sondern auch Probleme bei der perzeptiven Verarbeitung grammatischer Information. Es wird daher angenommen, dass Broca-Aphasiker ein zentrales Problem der Syntax-Verarbeitung haben, welches sich sowohl auf das Produzieren als auch auf das Verstehen von Sprache auswirkt.

Im Gegensatz zur nicht-flüssigen Broca-Aphasie ist die Wernicke-Aphasie eine flüssige Sprachstörung, in der die Sprachartikulation nicht beeinträchtigt ist. Die Patienten haben jedoch ein erhebliches Defizit beim Sprachverständnis, welches auf Probleme im Zugang zum Wissen über Wörter und deren Bedeutungen hinweist. Dieses Defizit könnte durch eine Beeinträchtigung des semantischen Systems bedingt sein, aber auch durch Probleme in der korrekten phonetischen Analyse der wahrgenommenen Sprache. Aus diesen Schwierigkeiten resultiert die Tatsache, dass Wernicke-Aphasiker häufig unverständliche Sprache produzieren. Obwohl sie keine Artikulationsstörung haben und flüssig sprechen, sind die einzelnen Wörter oft nicht identifizierbar: Hier zeigt der Wernicke-Aphasiker deutliche Probleme auf der phonetisch-phonologischen Ebene. Einzelne Phoneme werden häufig nicht korrekt zu Wörtern zusammengesetzt. Daher haben Wernicke-Aphasiker auch Probleme beim Wiederholen von Wörtern sowie beim Benennen von Objekten.

Zu den flüssigen Aphasien gehören des Weiteren die anomische Aphasie, die transcorticale Aphasie sowie die Leitungsaphasie. Die Anomie ist vor allem durch Probleme mit der Objektbenennung gekennzeichnet. Hierbei ist das Objektwissen der Patienten erhalten, aber die zugehörigen Wörter können nicht produziert werden. Bei der Leitungsaphasie hingegen sind Sprachverständnis, Produktion und Objektwissen erhalten. Die Patienten haben jedoch Schwierigkeiten bei der Wortwiederholung. Diesem Störungsbild könnte eine gestörte Verbindung zwischen perzeptiven und motorischen Sprachregionen (Diskonnektion) zugrunde liegen. Anders hingegen bei der transcorticalen Aphasie. Menschen, die unter dieser Sprachstörung leiden, können Wörter wiederholen, ohne diese zu verstehen. Hier scheinen die Projektionen vom sensorischen zum motorischen Cortex unbeeinträchtigt, aber die Assoziation des wahrgenommenen Signals mit gespeichertem Wissen erscheint beeinträchtigt. Die schwerste Form der Aphasie stellt die Globalaphasie dar, bei der sowohl das Verständnis, das Sprechen als auch das Wiederholen beeinträchtigt sind.

Isolierte Probleme der Sprachproduktion oder -wahrnehmung werden in der Regel nicht als Aphasien bezeichnet. Eine Artikulationsschwierigkeit bedingt durch eine Störung des Sprechapparates wird als Dysarthrie bezeichnet. Worttaubheit und Alexie beschreiben Probleme des Verstehens von gesprochenen und geschriebenen Wörtern. Ein gestörtes Wissen über Buchstaben oder die Kombination von Buchstaben zu Wörtern führt zu einer Schreibstörung, die als Agraphie bekannt ist.

Dyslexie

Die entwicklungsbedingte Dyslexie, auch Legasthenie oder Lese-Rechtschreib-Schwäche/LRS genannt, umschreibt eine angeborene Schwierigkeit beim Lesen und Schreiben, welche nicht auf umweltbedingte Faktoren (wie etwa das Elternhaus, Lehrmethoden in der Schule oder Ähnliches) oder eine reduzierte allgemeine Intelligenz der betroffenen Kinder zurückgeführt werden kann. Eine dyslektische Störung wird in der Regel in den ersten Schuljahren deutlich, wenn offensichtlich wird, dass das Lesen der betroffenen Kinder deutlich verlangsamt ist und/oder stark fehlerbehaftet im Vergleich zu Gleichaltrigen.

In der Literatur wird die Dyslexie auf eine Reihe möglicher zu Grunde liegender Probleme zurückgeführt. Hierzu zählen Probleme der Diskrimination akustischer Reize, Schwierigkeiten bei der visuellen Verarbeitung oder des verbalen Arbeitsgedächtnisses, aber auch Probleme innerhalb des sprachlichen Systems. Der momentan prominenteste Erklärungsansatz ist die Annahme, dass das Wissen über die interne phonologische Struktur von Wörtern bei dyslektischen Kindern nicht ausreichend vorhanden ist. Dieses Phänomen der fehlenden ›phonologischen Bewusstheit‹ umschreibt die Tatsache, dass den Betroffenen nicht oder nicht ausreichend bewusst ist, dass Wörter aus einer Kombination einzelner Phoneme bestehen. Um das Lesen zu lernen, müssen wir (zumindest implizit) den Zusammenhang zwischen dieser internen Struktur gesprochener Wörter und den Buchstabenfolgen eines geschriebenen Wortes erlernen. Dieser Mechanismus scheint bei Personen mit Lese-Rechtschreib-Schwierigkeiten beeinträchtigt.

Die Annahme einer bedeutsamen Rolle phonologischer Prozesse bei der Entstehung von Dyslexien wird gestützt durch eine Vielzahl experimenteller Befunde, die zeigen, dass Kinder (und teilweise auch Erwachsene) mit Lese-Rechtschreib-Schwierigkeiten Probleme bei der Ausführung phonologischer Aufgaben haben. Hierzu zählen beispielsweise Aufgaben, bei denen bestimmt werden muss, ob sich Wörter reimen oder nicht. Die phonologischen Fähigkeiten im frühen Kindesalter sind ein bedeutsamer Prädiktor der späteren Lesefähigkeit. Auf Basis dieser Erkenntnisse wurden in den letzten Jahren

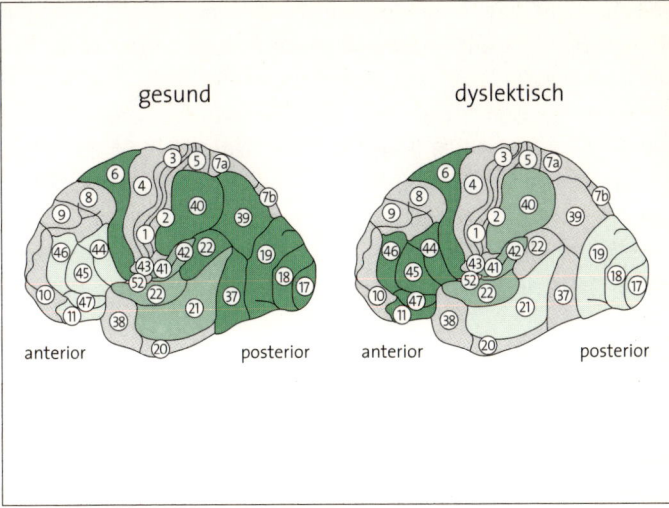

Abb. 40: Schematische Darstellung der Hirnaktivierung von unbeeinträchtigten Kontrollprobanden und dyslektischen Individuen. Letztere zeigen insbesondere deutlich schwächere Aktivierung in Regionen des inferioren Parietallappens (Gyrus angularis, Area 39). Im Gegensatz dazu zeigen sie einen kompensatorischen Aktivierungsanstieg im Frontallappen. Dunklere Grüntöne: stärkere Aktivierung.

verstärkt Trainingsprogramme zur Förderung der Lese- und Rechtschreibfähigkeiten entwickelt. Diese Programme fördern gezielt bestimmte phonologische Fertigkeiten, wie beispielsweise das Zählen von Lauten in einem Wort oder das Erkennen der Anfangs- und Endlaute von Wörtern, um somit die phonologische Bewusstheit zu fördern und langfristig einen dauerhaften Transfer auf die Prozesse des Lesens und Schreibens zu erreichen.

Die Forschung der letzten Jahre hat verstärkt bildgebende Verfahren eingesetzt, um die Beteiligung des Gehirns an der Entstehung dyslektischer Störungen zu untersuchen. Hierbei haben sich zwei bedeutsame Trends ergeben. Einerseits verfolgen eine Reihe von Forschungsgruppen die Hypothese, dass strukturelle Veränderungen in

Sprachregionen des Neocortex zur Entwicklung von LRS beitragen können. Hierbei wurde insbesondere das Planum temporale der linken Hemisphäre identifiziert, eine Hirnregion in unmittelbarer Nachbarschaft des Hörcortex, welche in der Regel eine Hemisphärenasymmetrie zwischen der linken und der rechten Gehirnhälfte zeigt. Das Planum temporale wird mit der Verarbeitung komplexer akustischer Signale in Zusammenhang gebracht und spielt in diesem Zusammenhang auch eine Rolle bei der akustischen Sprachwahrnehmung. Eine zu geringe Ausdehnung des Planum temporale der sprachdominanten (in der Regel linken) Hirnhälfte könnte unter dieser Annahme zu Problemen bei der Verarbeitung phonologischer Informationen führen.

Darüber hinaus konnte jedoch auch gezeigt werden, dass sich bestimmte sprachrelevante Hirnregionen, unabhängig von strukturellen Veränderungen, in ihrer Funktionalität zwischen gesunden Individuen und Personen mit Lese-Rechtschreib-Schwächen unterscheiden. So wurde gezeigt, dass temporo-parietale Sprachzentren für die Integration von Geschriebenem und Gesprochenem bei Dyslektikern weniger stark aktiviert werden als bei normalen Lesern (Abbildung 40). Darüber hinaus wurde gezeigt, dass bei Dyslektikern genau diese Hirnregion weniger gut mit anderen posterioren Sprachregionen kommuniziert, als dies in Kontrollstichproben der Fall ist. Dieser Befund legt die Annahme nahe, dass die beeinträchtigte Funktionsweise dieser Hirnregion zu Problemen bei der Ausbildung effizienter cortikaler Netzwerke für das Lesen führt.

Alternativ haben andere Forscher vorgeschlagen, dass die Problematik dieser temporo-parietalen Regionen bereits durch die Qualität des eingehenden Signals aus cortikalen Arealen des visuellen Systems bedingt sein könnte. Diese Hypothese wird gestützt durch bildgebende Studien, die mit dyslektischen Kindern durchgeführt wurden. Hier zeigte sich, dass temporo-parietale Hirnregionen bei der Ausführung phonologischer Aufgaben beeinträchtigt waren, während Regionen des visuellen Systems eine Minderaktivierung bei der Durchführung von orthographischen Aufgaben zeigten.

Erwachsene Probanden, die in den zuerst genannten Studien untersucht wurden, zeigten allerdings verstärkte Hirnaktivierung in Regionen des Frontallappens und der rechten Hirnhälfte (Abbildung 40). Es kann angenommen werden, dass diese Individuen, welche im Erwachsenenalter zumeist eine ausreichende Lesekompetenz erworben haben, ihre Probleme im Bereich der automatischen orthographisch-phonologischen Sprachverarbeitung beim Lesen durch das kompensatorische Hinzuziehen von weiteren Hirnregionen ausgleichen. Unterstützung für diese Annahme liefern bildgebende Studien, die beispielsweise zeigen, dass Trainingsprogramme für Dyslektiker einen Aktivierungsanstieg in präfrontalen Regionen der linken Hemisphäre mit sich bringen.

Lateralisierung

Das menschliche Gehirn ist in zwei überwiegend symmetrische Hälften unterteilt, die als Hemisphären bezeichnet werden. Obwohl die beiden Hemisphären anatomisch sehr symmetrisch aussehen, finden sich bei Untersuchungen der Funktionsweise des Gehirns Fähigkeiten, die jeweils in einer Hemisphäre stärker verankert sind als in der anderen.

Die Untersuchung von Patienten mit Sprachstörungen hat ergeben, dass linkshemisphärische Läsionen weit häufiger als rechtshemisphärische zu Störungen der Sprachverarbeitung führen. Heute können verschiedene Testverfahren diese Befunde belegen. Mit Hilfe des nach seinem Erfinder benannten Wada-Tests ist es möglich, vor neurochirurgischen Eingriffen am Gehirn zu untersuchen, ob die zu operierende Hemisphäre womöglich die sprachdominante ist. Dazu wird in eine Halsschlagader ein kurzzeitig wirkendes Betäubungsmittel gespritzt. Die Patienten werden bei diesem Experiment gebe-

ten, während des Tests die Kommunikation mit dem Arzt aufrecht-
zuerhalten. Bei ca. 95 % aller Rechtshänder führt die Injektion in die
linke Arterie (also die Betäubung der linken Hirnhälfte) zu einem
zeitweiligen Ausfall der Sprachfähigkeit, während sie bei rechtsseiti-
ger Injektion weiter sprechen können. Auch bei etwa 70% der Links-
händer ist die linke Hemisphäre sprachdominant.

Dadurch, dass jedes Ohr mit dem gegenüberliegenden primären
auditorischen Cortex besser verbunden ist als mit dem gleichseitigen, kann man die sprachdominante Hemisphäre auch mit so genannten dichotischen Hörtests feststellen. Bei diesem Verfahren
werden den Patienten mittels eines Kopfhörers zwei unterschiedliche Wörter an den beiden Ohren vorgespielt. Aufgabe der Patienten
ist es, beide Wörter zu identifizieren. Hierbei lässt sich beobachten,
dass die Identifikationsleistung bei den meisten Menschen für das
rechte Ohr besser ist als für das linke – also für das Ohr, dessen Signal zur linken, sprachdominanten Hemisphäre gelangt. Auch funktionell-bildgebende Verfahren wie PET oder fMRT können heute zur
Bestimmung der Hemisphärendominanz herangezogen werden. Im
Vergleich zum Wada-Test bieten sie den Vorteil, dass sie weniger
invasiv sind.

Neben solchen rein funktionellen Asymmetrien konnten auch
anatomische Unterschiede zwischen den Hemisphären identifiziert
werden. So ist beispielsweise das Broca-Areal im linken Frontalhirn
größer als das entsprechende Areal der rechten Hemisphäre. Ähnliche Unterschiede finden sich im Temporallappen. Könnte man beispielsweise nach Entfernen des Frontal- und Parietallappens von
oben auf den Temporallappen schauen, würde man erkennen, dass
sich an den primären auditorischen Cortex (A1) hinten das so genannte Planum temporale anschließt (siehe Abbildung 41). Diese Region
gehört zu dem Wernicke-Zentrum, dessen Schädigung zu einer
Aphasie führt, und ist bei den meisten Menschen links größer als
rechts. Diese Befunde lassen vermuten, dass anatomische Asymme-

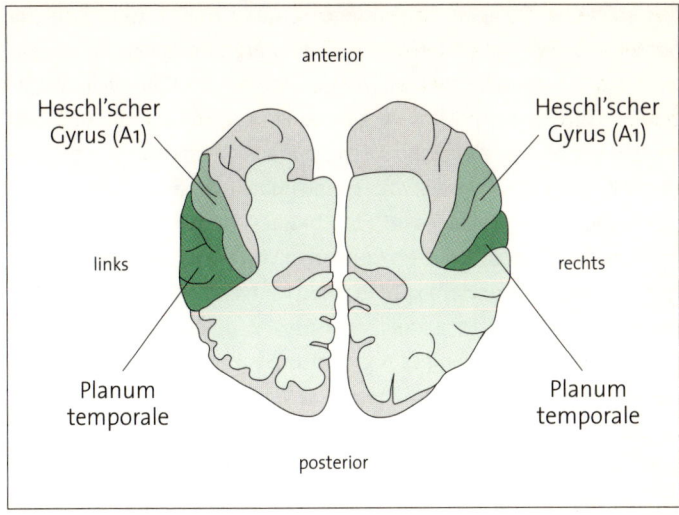

Abb. 41: Anatomische Asymmetrien zwischen linker und rechter Hemisphäre. Das links größer ausgeprägte Planum temporale scheint die Sprachfähigkeit zu unterstützen.

trien zwischen den Hemisphären der funktionellen Lateralisierung von kognitiven Funktionen zumindest teilweise zu Grunde liegen.

Entwickelt hat sich die Lateralisierung des Gehirns wahrscheinlich, als der Mensch den aufrechten Gang lernte und plötzlich beide Hände für neue Aufgaben frei hatte. Es wird vermutet, dass dabei jeweils eine Hand zum Festhalten und die andere zum Betasten bzw. Bearbeiten von Gegenständen verwendet wurde. Die bearbeitende Hand könnte im Laufe der Evolution eine bessere Feinmotorik entwickelt haben, wodurch zunächst die Händigkeit erklärt würde. Nimmt man weiterhin an, dass nicht nur die Handmotorik feiner wurde, sondern der gesamte primäre motorische Cortex in der dominanten Hemisphäre feinere Bewegungen steuern kann, ergibt sich daraus auch eine mögliche Begründung für die Linkslateralisierung der Sprechmotorik und des gesamten Sprachsystems.

Neben der auffälligen Lateralisierung des Gehirns bezüglich der Sprachverarbeitung finden sich auch weitere Lateralisierungsaspekte, die zu verschiedenen Theorien geführt haben. Räumliche Wahrnehmung, Musik und die Verarbeitung von Emotionen scheinen stärker auf Arealen der rechten Hemisphäre zu beruhen. Daraus entstand die Theorie, dass die linke Hemisphäre eher analytisch und logisch und die rechte eher synthetisch und ganzheitlich arbeitet.

Während die geschilderten Befunde zeigen, dass bei den meisten Menschen die linke Hemisphäre die sprachdominante Hemisphäre ist, sei an dieser Stelle darauf hingewiesen, dass Sprache durchaus bilateral verarbeitet wird. Es ergibt sich zwar meist eine Lateralisierung zugunsten der linken Hemisphäre, aber viele Studien zeigen, dass beide Hemisphären an der Sprachverarbeitung beteiligt sind. Die Erkennung prosodischer Sprachmerkmale wird beispielsweise stärker von der rechten Hemisphäre durchgeführt.

Die beschriebene Asymmetrie des menschlichen Gehirns bezüglich Sprache, Musik und anderer Fähigkeiten lässt sich in einer speziellen Gruppe von Patienten besonders gut untersuchen. Hierbei handelt es sich um Patienten, denen aus medizinischen Gründen die Hauptverbindung zwischen den beiden Hemisphären, das als Corpus callosum oder Balken bezeichnete dicke Bündel aus Nervenfasern, durchtrennt wurde. Diese Patienten werden auch als Split-Brain-Patienten bezeichnet. Meist litten diese Menschen unter epileptischen Anfällen, die in einer Hemisphäre begannen und sich dann auf die andere ausdehnten. Die Durchtrennung des Corpus callosum (Balken), der mit vielen Millionen Nervenfasern die beiden Hemisphären verbindet, führte bei diesen Patienten dazu, dass die Anfälle auf eine Hemisphäre begrenzt blieben, was beispielsweise eine deutliche Minderung der Sturzgefahr bei Anfällen mit sich brachte.

Der für die neuropsychologische Forschung interessante Nebeneffekt dieser Operation besteht darin, dass die Funktionen der beiden Hemisphären nun auch getrennt untersucht werden können, was bei gesunden Menschen in dieser Form nicht möglich ist. Sowohl das auditorische wie auch das visuelle System projizieren Wahrnehmungen aus der einen Hälfte der Umwelt in die jeweils gegenüberliegende Hemisphäre. Nur durch die Verbindung der Hemisphären bekommen bei intaktem Balken beide Hemisphären die Information der gesamten Umwelt. Auch die Muskeln der einen Körperhälfte werden nur von einer, nämlich der gegenüberliegenden, Hemisphäre gesteuert. Zeigt man nun einem rechtshändigen Split-Brain-Patienten, dessen Sprachzentrum in der linken Hemisphäre sitzt, ein Wort in der rechten Hälfte seines visuellen Feldes (s. Abbildung 42), so gelangt diese Information vom Auge in den primären visuellen Cortex seiner linken Hemisphäre. Er hat daher keine Schwierigkeiten, das Wort zu benennen. Zeigt man ihm das Wort jedoch in seinem linken visuellen Halbfeld, so gelangt die visuelle Information nur in seine rechte Hemisphäre. Das führt dazu, dass er das Wort nicht benennen kann, da die zentralen Spracharreale in der linken Hirnhälfte lokalisiert sind. Dieser Befund war ein wichtiges Indiz für die Annahme der Lateralisierung von Sprache im menschlichen Gehirn.

Was allerdings stellt die rechte Hemisphäre mit der Information über das gezeigte Wort an? Im Prinzip könnte ja die Motorik der linken Körperhälfte über das Wort informiert werden, da diese in der gleichen Hemisphäre repräsentiert ist. Es wurde gezeigt, dass Split-Brain-Patienten einen Gegenstand, der zu einem im linken visuellen Halbfeld (rechter visueller Cortex) gezeigten Wort passt, mit der linken Hand (rechter motorischer Cortex) ertasten können, wenn ihnen verschiedene Gegenstände zur Auswahl dargeboten wurden, ohne dass sie diese sehen konnten (siehe Abbildung 42). Beide Hemisphären können also unabhängig voneinander verschiedene Handlungen, die in Bezug zur jeweils verfügbaren Information stehen, durchführen. Dieses Experiment zeigt auch, dass nicht sämtliche Aspekte der Sprachverarbeitung lateralisiert sind. Die Zuordnung der Bedeutung zu einem Wort scheint durchaus auch in der rechten Hemi-

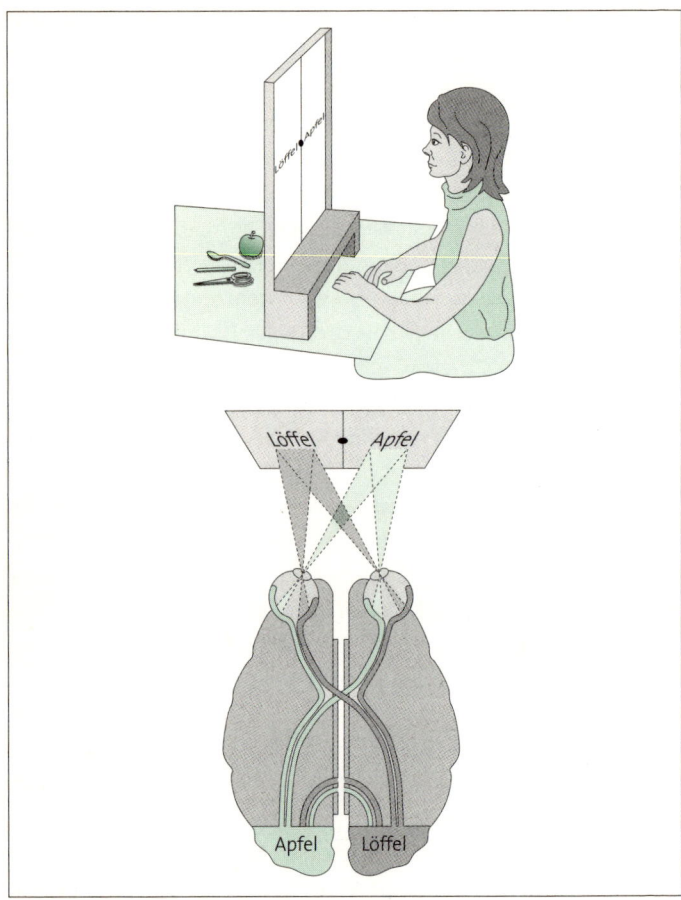

Abb. 42: Oben: Eine Split-Brain-Patientin soll die auf dem Bildschirm als Worte gezeigten Gegenstände hinter dem Bildschirm mit einer Hand ertasten. Unten: Worte, die auf dem Bildschirm rechts dargeboten werden, gelangen nur in ihre linke Hemisphäre und umgekehrt. Das Wort »Apfel« könnte die Patientin deswegen aussprechen, wogegen sie zu dem Wort »Löffel« nur mit ihrer linken Hand den entsprechenden Gegenstand hinter dem Spiegel ertasten kann.

sphäre möglich zu sein, obwohl der Zugriff auf die Namen von Objekten nicht stattfinden kann.

Sprache und Emotionen

Sprache ist nicht ohne Emotionen denkbar. Jede unserer Wahrnehmungen wird subjektiv bewertet, und ebenso ist jede unserer Äußerungen emotional gefärbt. Die Gefühlsebene wird allerdings nicht immer in Worte gefasst, sondern vorwiegend durch subtile Zwischentöne übermittelt. Unsere Mimik verrät bereits viel über unseren momentanen Gemütszustand und kann so bestimmte Reaktionen des Gesprächspartners bereits begünstigen oder vermeiden. Zusätzlich übermitteln wir unsere Emotionen aber auch durch die Prosodie der Sprache. Prosodische Merkmale sind solche, die in reiner Schriftsprache nicht vermittelbar sind, wie etwa Betonung und Satzmelodie. Einerseits spielen solche Merkmale für die linguistische Verarbeitung eine Rolle, wenn zum Beispiel eine zum Satzende ansteigende Grundfrequenz auf eine Frage hinweist.

Andererseits werden aber über prosodische Parameter auch Emotionen mitgeteilt. Wenn jemand sehr gereizt sagt, es passe ihm gerade schlecht sich zu unterhalten, wird man deutlich weniger geneigt sein nachzufragen, ob es nicht vielleicht doch möglich sei. Würden dieselben Worte aber freundlich und entspannt geäußert, wäre man eventuell eher geneigt, noch einmal nachzufragen. Darwin hat dazu eine Evolutionstheorie der Emotionen entwickelt, die besagt, dass die Äußerung und Erkennung von Emotionen einen evolutionären Vorteil bringe, weil bestimmte Verhaltensweisen von Tieren bzw. Menschen dadurch schon abgewogen und eventuell vermieden werden können. So kann beispielsweise ein Kampf mit einem aggressiven Artgenossen vermieden werden, wenn dessen Aggressivität früh erkannt wird – eine Fähigkeit, die letztendlich die eigenen Überlebenschancen maximiert.

Emotionen werden vornehmlich von der rechten Hemisphäre ver-arbeitet. Diese Hirnhälfte ist besser im Erkennen emotionaler Ge-sichtsausdrücke, und die von ihr gesteuerte Gesichtsmuskulatur der linken Gesichtshälfte bringt Emotionen deutlicher zum Ausdruck. Bei Affen konnte man durch die Analyse von Videoaufnahmen zei-gen, dass sich emotionale Gesichtsausdrücke immer zuerst auf der linken Gesichtshälfte beobachten lassen und dort schließlich auch stärker zum Ausdruck kommen als in der rechten Gesichtshälfte.

Ähnliches gilt für die prosodischen Merkmale, mit denen Emotio-nen durch gesprochene Sprache vermittelt werden. Nach Läsionen der rechten Hemisphäre sind Patienten nicht mehr in der Lage, ihre Emotionen durch Modulation der Stimme auszudrücken. Das führt zu einer emotionslos flachen Stimme, ein Zustand, der als Aprosodie bezeichnet wird. Mit bildgebenden Verfahren konnte gezeigt wer-den, dass die rechte Hemisphäre stärker aktiviert wird, wenn die pro-sodischen Merkmale gesprochener Sprache analysiert werden. Die linke Hemisphäre hingegen wird stärker aktiviert, wenn die inhalt-liche Interpretation der Sätze im Vordergrund steht.

Sprache und Musik

Bei den meisten Menschen wird Sprache vorwiegend von der linken Hemisphäre verarbeitet, und es gibt Areale innerhalb dieser Hemi-sphäre, die auf bestimmte Aspekte der Sprachverarbeitung speziali-siert sind. Nun ist es nahe liegend, sich zu fragen, was denn die ent-sprechenden Areale der rechten Hemisphäre machen? Die ersten Befunde, die auf eine Lateralisierung der Sprache hindeuteten, ka-men aus Läsionsstudien an Patienten. Diese wiesen nach linkshe-misphärischen Läsionen oft Sprachdefizite auf. Allerdings blieben bei vielen der Patienten musikalische Fähigkeiten von der Läsion ver-schont. Sie konnten weiterhin singen, obwohl sie nicht mehr spre-chen konnten, und sie konnten Musik wahrnehmen, obwohl sie

Sprache nur noch schlecht wahrnehmen konnten. Gleichzeitig fand man, dass sich bei Patienten, deren rechte Hemisphäre eine Läsion aufwies, musikalische Defizite einstellten, während die Sprachfähigkeit unverändert blieb. Man spricht in einem solchen Fall von Amusie. Diese Befunde deuten darauf hin, dass die rechte Hemisphäre auf die Verarbeitung von Musik spezialisiert ist, so wie die linke auf die Verarbeitung von Sprache.

Musik wird allerdings genau so wenig nur in der rechten Hemisphäre verarbeitet, wie Sprache nur in der linken verarbeitet wird. Beide Hemisphären verfügen über auditorische Cortices, die Töne verarbeiten – allerdings mit leicht unterschiedlicher Präferenz für bestimmte Eigenschaften der Töne. Untersucht man genauer, welche Aspekte der Verarbeitung auditorischer Information nach Läsionen beeinträchtigt sind, stellt sich heraus, dass rechtsseitige Schädigungen die Verarbeitung von Tonhöhen (Frequenzen) und Klangfarben (Frequenzverhältnisse zueinander) beeinträchtigen. Linksseitige Läsionen betreffen dagegen eher die Fähigkeit, zeitliche Aspekte des akustischen Signals genau zu differenzieren. Unsere Sprachwahrnehmung basiert sehr stark auf der Analyse sich schnell verändernder akustischer Signale, während die Verarbeitung von Musik stärker auf der Beachtung von Tonhöhen und Klangfarben beruht. Diese Unterschiede könnten die Asymmetrie der beiden Hemisphären für diese beiden Funktionen erklären.

Interaktion von Hören und Sehen

Die naive Vorstellung von Sprachwahrnehmung geht davon aus, dass wir gesprochene Sprache hören und geschriebene Sprache sehen. Teilweise ist das natürlich auch richtig – besonders, wenn z. B. am Telefon nur akustische Information verfügbar ist. Wenn wir gleichzeitig etwas hören und sehen können, verwenden wir beide Informationskanäle, um möglichst viel Information zu gewinnen. Die

Integration von Gehörtem und Gesehenem hilft uns, unsere Umwelt besser wahrzunehmen. Ein Objekt, das sich uns von einer Seite nähert, würde auf dieser Seite sowohl zuerst gesehen als auch zuerst gehört werden, was uns doppelte Information über die Richtung, Geschwindigkeit und das Objekt selbst bringt. Diese multiple Information kann zu einer schnelleren Reaktion auf das Objekt führen, was beispielsweise wichtig ist, wenn wir dem Objekt ausweichen müssen.

Ähnlich verhält es sich bei der Sprache und insbesondere im natürlichen Fall einer Kommunikationssituation, in der wir den Sprecher hören und sehen können. Um zu untersuchen, wie sehr die auditorische und die visuelle Modalität sich gegenseitig beeinflussen, wurde folgendes Experiment durchgeführt: Eine Versuchsperson hört einen Sprecher über einen Kopfhörer einfache Silben, wie »ba« und »ga« sagen. Gleichzeitig sieht sie das Gesicht des Sprechers und seine Lippenbewegung auf einem Bildschirm. Aufgabe der Versuchspersonen ist es anzugeben, was sie gehört haben. Passen die Lippenbewegungen und Schallereignisse der gesprochenen Silben zueinander, geben die Versuchspersonen auch stets die richtige Silbe an. Nun werden aber manchmal nicht die zusammengehörigen Töne und Bilder abgespielt, sondern die Versuchspersonen hören die Silbe »ba« und sehen die Lippenbewegung zur Silbe »ga«. In diesem Fall würde man annehmen, dass sie angeben, die Silbe »ba« gehört zu haben, weil wir von uns selbst den Eindruck haben, nicht Lippen lesen zu können. Aber interessanterweise geben die Versuchspersonen an, sie hätten die Silbe »da« gehört – eine Silbe, die sie weder gehört noch gesehen haben. Dieser Effekt wird nach seinem Entdecker McGurk-Effekt genannt und zeigt, wie sehr unser Gehirn visuelle Eindrücke mit benutzt, um gesprochene Sprache zu interpretieren.

Besondere Bedeutung kommt der visuellen Information der gesprochenen Sprache bei der Segmentierung zu. Auch im natürlichen Fall, in dem wir dieselben Silben hören und sehen, verwenden wir die gesehenen Lippenbewegungen, um Wort- und Satzgrenzen im Sprachfluss zu ermitteln. Wie sehr die visuelle Information uns bei dieser Aufgabe unterstützt, wird klar, wenn sie plötzlich fehlt. Wenn man einem Sprecher zuhört, dessen Lippen beispielsweise von seinem Bart verdeckt werden, versucht man verzweifelt, sich auf dessen Lippenbewegungen zu konzentrieren – aber ohne Erfolg.

Sprache im Computer

Herkömmliche Computer, die ironischerweise auch Elektronengehirne genannt werden, können viele rechenintensive Aufgaben wesentlich schneller erledigen als der Mensch. In Anlehnung an die Erfindung des Werkzeugs durch unsere Vorfahren wurde der Begriff Denkzeug für Computer vorgeschlagen, die uns bei kognitiven Aufgaben helfen. Aber ausgerechnet diejenigen kognitiven Aufgaben, die uns relativ leicht fallen, wie Sprache hören oder produzieren, sind für herkömmliche Computer sehr schwierige Aufgaben. Das liegt in erster Linie daran, dass ein Computer aus fest verdrahteten Bauteilen aufgebaut ist, die Rechenoperationen sehr effizient abwickeln können. Außerdem werden Computer in der Regel mit relativ unflexiblen Algorithmen in der Form von WENN-DANN-Anweisungen programmiert, denen die entscheidende menschliche Anpassungsfähigkeit und Flexibilität fehlt.

Die amerikanische Computerfirma DEC hat vor einigen Jahren ein System programmiert, welches Schriftsprache in Lautsprache transkribieren kann, um Blinden das Hören von geschriebenem Text zu ermöglichen. Ein solches System muss in der Lage sein, die Koartikulation der menschlichen Sprache zu berücksichtigen. Koartikulation bedeutet, dass ein Buchstabe verschieden ausgesprochen wird, je nachdem, welche Buchstaben ihm vorausgehen oder ihm folgen. Bei dem Programm der Firma DEC, es trägt den Namen DECTalk, mussten drei Buchstaben links und drei rechts des jeweils artikulierten

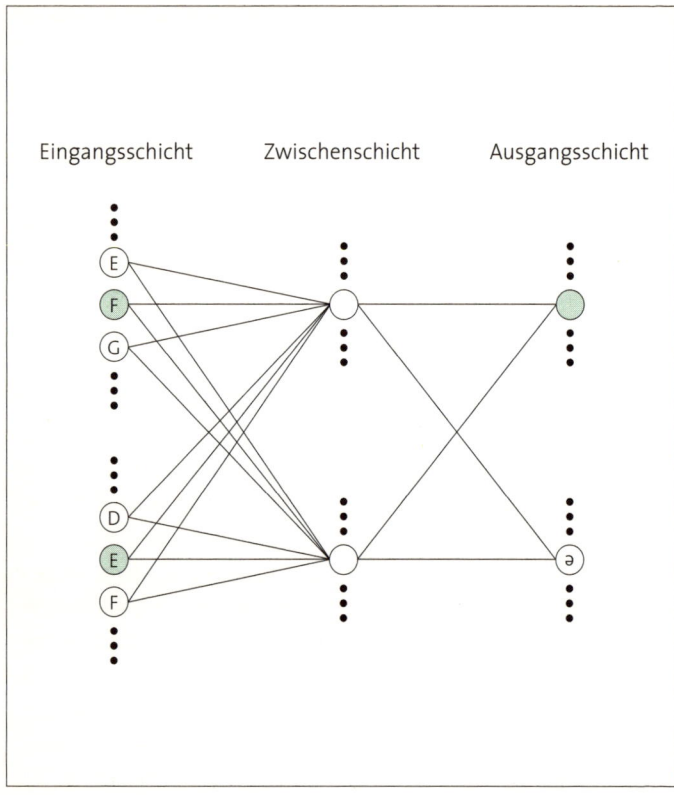

Abb. 43: Ein mehrschichtiges künstliches neuronales Netz zur Transkription von Buchstaben in Phoneme. Je nachdem, ob das Wort »fett« oder »Beet« transkribiert werden soll, ergibt sich entweder ein offenes oder geschlossenes »e«. Die grau schattierten Neurone »F« und »E« in der Eingangsschicht sollen anzeigen, dass sie in diesem Fall zum offenen »e« in der Ausgangsschicht transkribiert werden. Jede Schicht eines neuronalen Netzes enthält deutlich mehr als die dargestellten Neurone.

Buchstabens mit berücksichtigt werden, um ein natürlich klingendes Sprachsignal zu erzeugen. Das Programm DECTalk muss also mit

Hilfe von zahllosen WENN-DANN-Regeln die umgebenden Buchstaben jedes zu artikulierenden Buchstabens überprüfen. Um alle Regeln zu programmieren, so dass der Computer schließlich vorlesen konnte, vergingen mehrere Mannjahre Arbeit.

Es gibt aber noch einen anderen Ansatz, um mit Computern kognitive Aufgaben zu lösen. In den vergangenen Jahren haben Informatiker, die sich mit künstlicher Intelligenz beschäftigen, versucht, die Arbeitsweise unseres Gehirns im Computer nachzuahmen. Dabei haben sie einzelne künstliche Nervenzellen so am Rechner simuliert, dass sie wie reale Nervenzellen auf eingehende Signale reagieren und sich adaptiv in größeren Netzen miteinander verschalten können. Solche so genannten neuronalen Netzwerke können sehr effizient die Zusammenhänge zwischen Eingangssignalen und Ausgabemustern erlernen. Das Interessante dabei ist, dass künstliche neuronale Netze dazu in der Lage sind, sehr verschiedene Aufgaben zu lösen, wie etwa unterschiedliche Muster zu erkennen oder Buchstabenfolgen in Phonemabfolgen zu überführen. Man muss dem Netz nur an seinen Ein- und Ausgängen jeweils die gewünschten Eingangs- und Ausgangsdaten präsentieren und es erlernt selbständig die Verschaltungen zwischen den künstlichen Neuronen, die dazu nötig sind. Selbst wenn man dem künstlichen neuronalen Netz nur einen Teil der gewünschten Ein- und Ausgangsdaten während der Lernphase präsentiert hat, kann es, auf Grund seiner Fähigkeit zur Verallgemeinerung, anschließend zu ähnlichen Eingangsdaten auch die entsprechenden Ausgangsdaten produzieren – sofern diese den gleichen Regeln folgen.

Die amerikanischen Forscher Sejnowski und Rosenberg haben ein künstliches neuronales Netz entwickelt, welches in der Lage ist, englischen Text in Lautsprache umzusetzen. Dabei verwendeten sie denselben Textscanner und denselben Sprachsynthesizer wie das Programm DECTalk. Sie nannten ihr Netz in Anlehnung an das DEC-Produkt NetTalk. Nach nur zehn Stunden des Trainings konnte Net-

Talk bereits 95% der ihm präsentierten Sätze korrekt vorlesen, und nach weiterem Training konnte seine Trefferquote auf 97,5 % gesteigert werden.

Diese beiden Versuche, Sprache künstlich zu produzieren, zeigen deutlich, wie sehr die Fähigkeit, effizient Sprache zu produzieren, von der jeweiligen Hardware abhängt. Einerseits zeigt sich hier, wie gut unser natürliches neuronales Netz dazu geeignet ist, Sprache zu verarbeiten. Andererseits kann man gut nachvollziehen, dass innerhalb des Gehirns ganz bestimmte Verschaltungsmuster ausgerechnet für Sprachverarbeitung herangezogen werden, während andere Verschaltungen für andere Aufgaben besser geeignet sind.

GLOSSAR

Agraphie – Erworbene Beeinträchtigung des Schreibens. *s. S. 103*

Alexie – Defizit beim Lesen geschriebener Sprache. *s. S. 10, 103*

Amusie – Defizit in der Wahrnehmung oder Produktion von Musik, der oft nach rechtshemisphärischer Hirnläsion auftritt. *s. S. 110, 114 f.*

Anomie – Störung bei der Benennung von Objekten. *s. S. 103*

anterior – vorne (neuroanatomische Richtungsangabe im Gehirn). *s. S. 22, 27, 37 f., 85, 105, 109*

Aphasie – Oberbegriff für Sprachstörungen, die oft nach linkshemisphärischen Hirnläsionen auftreten. *s. S. 6, 10, 13, 16, 45 f., 65, 70, 75, 101 ff., 108*

Aprosodie – Defizit in der Wahrnehmung oder Produktion prosodischer Sprachattribute, wie Satzmelodie und Tonhöhe. *s. S. 114*

Artikulation – Der motorische Vorgang der Lautäußerung beim Sprechen. *s. S. 8, 12, 14, 20, 46, 64, 78, 83 f., 98 ff., 117*

Broca, Paul – Der französische Chirurg, Neurologe und Anthropologe Pierre-Paul Broca (1824–1880) entdeckte bei einem verstorbenen, sprachbehinderten Patienten eine Schädigung der linken Gehirnhälfte und stellte die Annahme auf, dass unser Sprachvermögen in der linken Hirnhälfte angesiedelt ist. *s. S. 5 ff.*

Broca-Aphasie – auch motorische Aphasie. Aphasisches Syndrom, welches insbesondere durch eine angestrengte, nicht flüssige Sprachproduktion sowie Probleme im Bereich der Grammatik gekennzeichnet ist. *s. S. 10, 13, 45, 102*

Broca-Areal – Hinteres Drittel des Gyrus frontalis inferior der linken Hemisphäre. Eine Hirnschädigung in diesem Areal führt häufig zur so genannten Broca-Aphasie. *s. S. 9f., 20f., 38, 44, 52f., 54ff., 65, 67, 71, 75f., 91ff., 98, 100, 108*

Brodmann-Areale – Von K. Brodmann definierte Regionen im Cortex, die sich durch die Architektur der in sechs Schichten angeordneten Nervenzellen voneinander unterscheiden. *s. S. 53f., 57*

Corpus callosum – Der die beiden Hemisphären verbindende Balken, der aus vielen Millionen Nervenfasern besteht. *s. S. 65f., 110*

Cortex – Das Wort Cortex stammt aus dem Lateinischen und bedeutet Rinde. Es bezeichnet die Großhirnrinde, d. h. die äußerste Schicht des Großhirns, in der die Nervenzellen sitzen. Außer der Großhirnrinde gibt es auch tiefer liegende Bereiche des Gehirns, wie etwa den Hirnstamm. *s. S. 4f., 8f., 14, 21, 34, 44, 52ff., 84, 87ff., 98ff., 108f., 111*

cortikal – Bezeichnung für im Cortex liegende Hirnregionen. *s. S. 6, 8, 22, 44, 52, 74, 76, 84, 87, 91ff., 95, 98,106*

Dyslexie – Legasthenie *s. S. 45, 61ff., 103ff.*

Dyx1, Dyx2 – Gene, deren Veränderung (Mutation) zum Auftreten einer Dyslexie führt. *s. S. 62f.*

Elektroenzephalographie (EEG) – Messung der elektrischen Aktivität des Gehirns mit auf die Kopfhaut aufgebrachten Elektroden. *s. S. 25ff., 30, 96*

ereignis-korrelierte Potentiale (EKPs) – Hirnpotentiale, die mit experimentellen Ereignissen, wie etwa der Darbietung eines Wortes, korrelieren. *s. S. 27ff., 35ff.*

Fasciculus – Faserbündel *s. S. 9f., 91*

FoxP2 – Ein Gen, dessen Mutation zu einer spezifischen Sprachentwicklungsstörung führt. *s. S. 63f.*

Frontallappen – Stirnlappen, der den motorischen Cortex enthält, aber auch höhere mentale Leistungen wie Handlungsplanung, Arbeitsgedächtnis und Sprache unterstützt. *s. S. 5f., 19, 38, 52ff., 84, 90, 105, 107*

Funktionelle Magnetresonanz-Tomographie (fMRT) – Messung von durch lokale Blutflussänderungen bedingten Unterschieden in der Magnetisierung des Blutes, um Hirnregionen zu identifizieren, die bei bestimmten mentalen Prozessen aktiviert sind. *s. S. 11, 18ff., 24, 93, 108*

Graphem – Kleinste graphische Einheit der Schriftsprache (Buchstabe). *s. S. 11, 57*

Gyrus – Hirnwindung (Mehrzahl: Gyri, vgl. Sulcus). *s. S. 8ff., 12, 52f., 57, 76, 85f., 88, 90, 92f., 105, 109*

inferior – unten (neuroanatomische Richtungsangabe im Gehirn). *s. S. 21, 43, 56, 86, 88, 105*

Kognition – Sammelbegriff für die mentalen Prozesse, die für Wahrnehmung, Denken und Erkennen zuständig sind. *s. S. 80*

Läsion – Schädigung einer anatomischen Struktur – hier meist einer Hirnregion. *s. S. 6f., 10, 15f., 20, 43, 53f., 65, 75, 90, 95ff., 107, 114f.*

Legasthenie – Lateinisches Wort für die Lese- und Rechtschreibschwäche (Dyslexie). *s. S. 103*

McGurk-Effekt – Interaktion von auditorischer und visueller Information bei der Wahrnehmung gesprochener Sprache. *s. S. 116*

Mentales Lexikon – Die Gesamtheit aller im Gehirn gespeicherten Wörter und das für diese verfügbare Wissen. *s. S. 12, 31ff., 81*

Morphem – Kleinste bedeutungstragende Einheit, der aber in verschiedenen Kontexten auch unterschiedliche Bedeutung zukommen kann (Beispiel: »Ball« in »Wir tanzen auf dem Ball.« Oder »Ich trete den Ball.«) *s. S. 57, 69*

Okzipitallappen – Hinterhauptslappen, der vor allem den visuellen Cortex beherbergt *s. S. 19, 22*

Ontogenese – Die Entwicklung eines Individuums im Laufe des Lebens (vgl. Phylogenese). *s. S. 54f., 57*

Parietallappen – Scheitellappen, dem sensorische Funktionen, aber auch eine Rolle bei der räumlichen Aufmerksamkeit und bei der Sprachverarbeitung zugeschrieben werden. *s. S. 38f., 84f., 90, 92, 105, 108*

Perzeption – Wahrnehmung *s. S. 10, 14*

Phonem – Kleinste lautliche Einheit der Sprache, die aber keine Bedeutung trägt (Beispiel: die Silbe »ba«). *s. S. 11, 43f., 61, 63, 68f., 78, 98, 102, 104, 118f.*

Phonetik – Die Wissenschaft, die sich mit den akustischen Aspekten der Sprache beschäftigt. *s. S. 12, 78, 80ff.*

Phylogenese – Die Entwicklung einer Spezies im Laufe der Evolution (vgl. Ontogenese). *s. S. 54f.*

posterior – hinten (neuroanatomische Richtungsangabe im Gehirn). *s. S. 22, 27, 43f., 56, 71, 91f., 105f., 109*

Post mortem – nach dem Tod – Untersuchungen der Gehirne von aphasischen Patienten mussten oft post mortem durchgeführt werden. *s. S. 15*

Prosodie – Lehre der lautsprachlichen Merkmale, wie Betonung, Satzmelodie und Akzent, die in der Schriftsprache nicht kommuniziert werden können. *s. S. 78, 113f.*

Semantik – Die Lehre von der Bedeutung von Sprache, d. h. von Wörtern sowie von größeren Einheiten wie etwa Sätzen. *s. S. 32, 35, 49, 69, 80, 101*

Sprachgene – Siehe FoxP2, sowie Dyx1 und Dyx2. *s. S. 59ff.*

subcortikal – Bezeichnung für alle Gehirnregionen, die nicht im Cortex der Großhirnrinde liegen. *s. S. 44, 86, 94ff.*

Sulcus – Furchen zwischen den Hirnwindungen (Mehrzahl: Sulci, vgl. Gyrus). *s. S. 56, 84ff., 90*

superior – oben (neuroanatomische Richtungsangabe im Gehirn). *s. S. 21, 43, 85 f., 88*

Syntax – Gesamtheit der grammatikalischen Regeln, nach denen einer Abfolge von Morphemen Bedeutung zugeordnet wird. *s. S. 42, 49 f., 55, 60, 69, 75, 79 f., 102*

Temporallappen – Schläfenlappen, der den primären auditorischen Cortex und das für Sprache relevante Wernicke-Areal beherbergt *s. S. 5 f., 12, 19, 21 ff., 43 f., 52 f., 84, 87 f., 90 ff., 108*

tonotop – nach Frequenzen bzw. Frequenzselektivität geordnet. *s. S. 88 f.*

Wernicke, Carl – Der deutsche Arzt Carl Wernicke (1848–1905) konnte in den Gehirnen verstorbener, aphasischer Patienten eine Schädigung einer Region im hinteren Temporallappen der linken Hirnhälfte feststellen, die heute als Wernicke-Areal bezeichnet wird. *s. S. 6 f., 10, 91 f.*

Wernicke-Aphasie – Sensorische oder rezeptive Sprachstörung, bei der die Patienten Sprachverstehensprobleme haben. Sie können zwar Wörter artikulieren, fügen diese aber zu sinnlosen Folgen zusammen (Wortsalat). *s. S. 10, 45, 102*

Wernicke-Areal – Ein Areal im hinteren oberen Anteil des linken Temporallappens, das für die Sprachwahrnehmung verantwortlich gemacht wird (vgl. Broca-Areal) *s. S. 7, 9 f., 20, 53, 67, 71, 76, 92 f.*

Literaturhinweise

EINFÜHRUNGEN

Altman, G. T. M.: The ascent of babel. Oxford, 1999

Bregman, A. S.: Auditory scene analysis: the perceptual organization of sound. Cambridge, 1990

Brown, C. M., Hagoort, P.: The neurocognition of language. Oxford, 1998

Damasio, A. R. und Damasion, H.: Sprache und Gehirn. Spektrum der Wissenschaft, November-Ausgabe, 80–92, 1992

Friederici, A. D.: Language comprehension: A biological perspective. Berlin, 1998

Geschwind, N.: Language and the brain. Scientific American, 226: 76–83, 1972

Lenneberg, E. H.: Biologische Grundlagen der Sprache. Frankfurt, 1977

Nieuwenhuys, R., Voogd, J. und van Huijzen, C.: Das Zentralnervensystem des Menschen. Berlin, 1991

Pinker, Steven: Der Sprachinstinkt. Wie der Geist die Sprache bildet. München, 1998

Pinker, Steven: Wörter und Regeln. Die Natur der Sprache. Heidelberg, 2000

Posner, M. I. und Raichle, M. E.: Bilder des Geistes. Heidelberg, 1996

Springer, Sally und Deutsch, Georg: Linkes – rechtes Gehirn. Heidelberg, 1998

Stemmer, B. und Whitaker, H. A.: Handbook of Neurolinguistics. San Diego, 1998

SPEZIELLE THEMEN

Brodmann, K.: Vergleichende Lokalisationslehre der Großhirnrinde in den Prinzipien dargestellt auf Grund des Zellbaues. Leipzig, 1909

Corina, D. P. und McBurney, S. L.: The neural representation of language in users of American Sign Language. Journal of Communication Disorders, 34, 455–471, 2001.

Crosson, B.: Subcortical mechanisms in language: lexical-semantic mechanisms and the thalamus, Brain and Cognition. 40, 414–438, 1999

Damasio, H. und Damasio, A.: The anatomical basis of conduction aphasia. Brain, 103, 337–350, 1980

DeFries, J. C., Fulker, D. W. und LaBuda, M. C.: Evidence for a genetic aetiology in reading disability of twins. Nature, 329, 537–539, 1987

Eliot, L.: Was geht da drinnen vor? Die Gehirnentwicklung in den ersten fünf Lebensjahren. Berlin, 2001

Friederici, A. D.: The time course of syntactic activation during language processing: a model based on neuropsychological and neurophysiological data. Brain and Language, 50, 259–281, 1995

Friederici, A. D.: Towards a neural basis of auditory sentence processing, Trends in Cognitive Sciences, 6(2), 78-84, 2002

Gazzaniga, M. S.: Principles of human brain organization derived from split-brain studies. Neuron, 14, 217–228, 1995

George, M. S., Parekh, P. I., Rosinsky, N., Ketter, T. A., Kimbrell, T. A., Heilman, K. M., Herscovitch, P. und Post, R. M.: Understanding emotional prosody activates right hemisphere regions. Archives of Neurology, 53, 665–670, 1996.

Geschwind, N.: The organization of language and the brain. Science, 170, 940–944, 1970

Habib, M.: The neurological basis of developmental dylexia. An overview and working hypothesis. Brain, 123, 2373–2399, 2000.

Hickok, G., Bellugi, U. und Klima, E. S.: The neurobiology of sign language and its implications for the neural basis of language. Nature, 381, 699–702, 1996

Kutas, M. und Hillyard, S. A.: Reading senseless sentences: Brain potentials reflect semantic incongruity. Science, 207, 203–205, 1980

Liebermann, P.: On the origins of language: an introduction to the evolution of human speech. New York, 1975

Marcus, G. F. und Fisher, S. E.: FOXP2 in focus: what can genes tell us about speech and language?, Trends in Cognitive Sciences, 7(6), 257–262, 2003

Literaturhinweise

Marien, P., Engelborghs, S., Fabbro, F. und de Deyn, P.P.: The lateralized linguistic cerebellum: a review and a new hypothesis. Brain and Language, 79, 580–600, 2001

Massaro, D.W.: Perceiving talking faces: from speech perception to a behavioral principle. Boston, 1998

Münte, T.F., Heinze, H.–J. und Mangun, G.R.: Dissociation of brain activity related to semantic and syntactic aspects of language. Journal of Cognitive Neuroscience, 5, 335–344, 1993

Ojemann, G.A.: Brain organization for language from the perspective of electrical stimulation mapping. Behavioral and Brain Sciences, 2, 189–230, 1983

Rice, M.L.: Toward a genetics of language. Mahwah, 1996

Rizzolatti, G. und Arbib, M.A.: Language within our grasp. Trends in Neurosciences, 21, 188–194.

Rugg, M.D. und Coles, M.G.H.: Electrophysiology of mind. Oxford, 1995

Rumbaugh, D.M.: Language Learning by a chimpanzee. New York, 1977

Savage-Rumbaugh, S. und Lewin, R.: Kanzi, der sprechende Affe. München, 1995

Spitzer, M.: Musik im Kopf. Stuttgart, 2003

Zatorre, R.J., Evans, A.C., Meyer, E. und Gjedde, A.: Lateralization of phonetic and pitch discrimination in speech processing, Science, 256, 846–849, 1992

Abbildungsnachweise: S.5: Signoret, Castaigne, Lhermitte, Abelante & Lavorel 1984 (Brain & Language 22, 303–319); S.9, 18: nach Posner und Raichle, Images of Mind, 1994; S. 21: Caplan et al. 1999 (Neuroimage 9(3), 342–351); S. 24: Poldrack et al. 1999 (Neuroimage 10(1), 15–35); S.25: www.easycap.com; S.31: nach Bentin 1987 (Brain & Language 31, 308-327); nach Swaab et al. 2002 (Brain Res. Cogn. Brain Res. 15(1), 99–103); S. 34: nach Sereno et al. 1998 (Neuroreport 9(10), 195-200); S. 36: nach Kutas und Van Petten, in Achles, Jennings, Coles (Hg.), Advances in Psychophysiology, JAI Press 1988; S. 38, 39, 41: nach A.D. Friederici in Elsner, Lüer (Hg.), Das Gehirn und sein Geist, Wallstein Verlag 2000; S. 56, 59: nach Rizzolatti & Arbib 1998 (Trends in Neuroscience 21, 188-194); S. 72, 73: Kim et al. 1997 (Nature 388, 177–184); S. 77: nach Neville et al.1998 (Proc. of the Nat. Acad. of Science USA 95, 922-929); S. 83, 88: nach Goldstein, E. B., Wahrnehmungspsychologie, Spektrum Akademischer Verlag 1996; S. 85, 86: nach Pinel J. P., Biopsychologie, Spektrum Akademischer Verlag 2001; S. 97: nach Kandel, Schwartz, Jessel (Hg.), Neurowissenschaften, Spektrum Akademischer Verlag 1996; S. 99: nach Dronkers 1996 (Nature 384, 159–161); S. 105: nach Shaywitz et al. 1998 (Proc. of the Nat. Acad. of Science USA 95, 2636–2641).